KB248282

계절 따라 배우고 실험으로 익히는 일상의 화학

정병진 선생님의

열두 달 화학의 쓸모

계절 따라 배우고 실험으로 익히는 일상의 화학

정병진 선생님의 열두 달 화학의 쓸모

펴낸날 1판 1쇄 2025년 12월 13일

글 정병진

펴낸이 정종호

펴낸곳 (주)청어람미디어

편집 황지희

디자인 황지희, 이원우

마케팅 강유은, 박유진

제작·관리 정수진

인쇄·제본 (주)성신미디어

등록 1998년 12월 8일 제22-1469호

주소 07292 서울시 영등포구 당산동1가 459 생각공장당산 제8층 제비810호

전화 02-3143-4006~4008

팩스 02-3143-4003

이메일 chungaram_media@naver.com

홈페이지 www.chungarammedia.com

인스타그램 www.instagram.com/chungaram_media

ISBN 979-11-5871-289-1 43430

계절 따라 배우고 실험으로 익히는 일상의 화학

정병진 선생님의

열두 달
화학의
쓸모

정병진 지음

✲청어람미디어

원소 주기율표

알칼리금속								
1 H 수소								

금속	비금속	기체	액체

알칼리토금속								
3 Li 리튬	4 Be 베릴륨							
11 Na 나트륨	12 Mg 마그네슘	전이금속						
19 K 칼륨	20 Ca 칼슘	21 Sc 스칸듐	22 Ti 티탄	23 V 바나듐	24 Cr 크롬	25 Mn 망간	26 Fe 철	27 Co 코발트
37 Rb 루비듐	38 Sr 스트론튬	39 Y 이트륨	40 Zr 지르코늄	41 Nb 니오븀	42 Mo 몰리브덴	43 Tc 테크네튬	44 Ru 루테늄	45 Rh 로듐
55 Cs 세슘	56 Ba 바륨	57~71 란타넘족 금속	72 Hf 하프늄	73 Ta 탄탈럼	74 W 텅스텐	75 Re 레늄	76 Os 오스뮴	77 Ir 이리듐
87 Fr 프랑슘	88 Ra 라듐	89~103 악티늄족 금속	104 Rf 러더포듐	105 Db 더브늄	106 Sg 시보귬	107 Bh 보륨	108 Hs 하슘	109 Mt 마이트너륨

57 La 란타넘	58 Ce 세륨	59 Pr 프라세오디뮴	60 Nd 네오디뮴	61 Pm 프로메튬	62 Sm 사마륨
89 Ac 악티늄	90 Th 토륨	91 Pa 프로트악티늄	92 U 우라늄	93 Np 넵투늄	94 Pu 플로토늄

주기율표 (부분)

전이금속			붕소족	탄소족	질소족	산소족	할로젠	비활성기체
								2 He 헬륨
			5 B 붕소	6 C 탄소	7 N 질소	8 O 산소	9 F 불소	10 Ne 네온
			13 Al 알루미늄	14 Si 규소	15 P 인	16 S 황	17 Cl 염소	18 Ar 아르곤
28 Ni 니켈	29 Cu 구리	30 Zn 아연	31 Ga 갈륨	32 Ge 게르마늄	33 As 비소	34 Se 셀레늄	35 Br 브롬	36 Kr 크립톤
46 Pd 팔라듐	47 Ag 은	48 Cd 카드뮴	49 In 인듐	50 Sn 주석	51 Sb 안티모니	52 Te 텔루륨	53 I 요오드	54 Xe 크세논
78 Pt 백금	79 Au 금	80 Hg 수은	81 Tl 탈륨	82 Pb 납	83 Bi 비스무트	84 Po 폴로늄	85 At 아스타틴	86 Rn 라돈
110 Ds 다름슈타튬	111 Rg 뢴트게늄	112 Cn 코페르니슘	113 Nh 니호늄	114 Fl 플레로븀	115 Mc 모스코븀	116 Lv 리버모륨	117 Ts 테네신	118 Og 오가네손

63 Eu 유로퓸	64 Gd 가돌리늄	65 Tb 테르븀	66 Dy 디스프로슘	67 Ho 홀뮴	68 Er 에르븀	69 Tm 툴륨	70 Yb 이터븀	71 Lu 루테튬
95 Am 아메리슘	96 Cm 퀴륨	97 Bk 버클륨	98 Cf 캘리포늄	99 Es 아인슈타이늄	100 Fm 페르뮴	101 Md 멘델레븀	102 No 노벨륨	103 Lr 로렌슘

여는 글

화학이라는 단어를 들으면 어떤 생각이 먼저 떠오르나요?

복잡한 원소기호와 반응식, 실험실에서 진지하게 무언가를 섞는 과학자의 모습, 그리고 시험공부의 압박까지……. 왠지 어렵고, 딱딱하고, 머리 아픈 이미지가 먼저 떠오를지도 모르겠네요.

하지만! 여기서 잠깐, 시선을 조금만 바꿔 볼까요?

바람을 따라 퍼지는 향긋한 냄새, 형광펜으로 줄을 그은 교과서, 눈부신 햇빛을 막아 주는 선글라스와 피부를 지켜 주는 자외선 차단제, 콸콸 깨끗한 물이 나오는 수도꼭지, 어두운 방 안을 밝혀 주는 야광 스티커까지!

사실 이 모든 게 화학이라는 멋진 이야기의 한 장면이라면요? 화학은 멀리 있는 특별한 것이 아니라, 우리가 숨 쉬는 공기처럼 자연스럽고 조용하게, 하지만 아주 깊숙이 우리의 삶 속에 스며들어 있습니다.

우리가 함께하는 화학 이야기는 단지 정답을 찾기 위한 것이 아니에요. 오히려 "왜 그럴까?"라는 질문을 끌어내는 것이 진짜 목적이랍니다. 궁금해하는 마음, 다시 돌아보고 싶은 호기심, 그 순간이 바로 과학의 시작이고, 우리가 세상을 새롭게 바라보는 첫걸음이니까요.

화학은 우리가 보는 것에 이름을 붙이고, 냄새에 의미를 부여하며, 맛에 감정을 더하고, 무엇보다 평범해 보이던 순간에 숨은 이야기를 들려주는 언어예요.

이 책을 덮을 즈음, 여러분의 눈에 비친 세상이 조금 더 신기하게 느껴진다면! 예전보다 하늘이 더 맑아 보이고, 어디선가 풍겨오는 향기에 눈길이 머물며, 밤하늘의 불빛을 보며 '저건 무슨 원소일까?'라는 생각이 떠오른다면! 그건 여러분이 이제 화학이라는 새로운 언어를 배우기 시작했다는 뜻일 거예요. 어쩌면 우리의 일상도 이제는 조금 다르게 보이게 될지도 몰라요.

지금부터 계절이 흘러가듯, 한 장 한 장 넘기며 일상에 숨어 있는 화학의 이야기를 만나 봅시다! 화학은 알고 보면 늘 우리 곁에 있답니다.

진또배기, **빠**삭한 지식으로, **빠**르고 정확하게, **오**개념을 잡아주는

진빠빠오 화학 T. **정병진**

차 례

1월

밤하늘에 그림을 그리다

불꽃놀이 속에 숨겨진 화학의 쓸모

찬란한 불꽃이 밤하늘에 수 놓이는 순간,
그 안에는 화학의 비밀이 숨어 있습니다.
색깔과 빛의 향연, 과연 어떤 원리로 가능할까요?

"펑!" 하는 소리와 함께 연기가 피어오르는 단순한 폭죽부터, 특별한 날 밤하늘을 가득 채우는 형형색색의 불꽃까지! 특히 연말연시나 축제 때 터지는 불꽃놀이는 정말 장관이죠. 어두운 밤하늘에 커다란 꽃이 피어나는 것 같기도 하고, 반짝이는 별들이 쏟아지는 듯한 황홀한 광경을 연출하기도 해요.

그런 풍경을 보면 문득 이런 궁금증이 들지 않나요? 저렇게 다양한 색깔과 모양의 불꽃은 어떻게 만들어지는 걸까?

밤하늘의 화학 꽃

우리 주변에는 수많은 종류의 물질들이 존재하고, 이 물질들은 저마다 고유한 특징을 가지고 있어요. 특히 몇몇 금속 원소들은 불에 넣으면 특정한 색깔의 불꽃을 내는 신기한 성질을 가지고 있

불꽃놀이의 다양한 색은
어떻게 만들어질까요?

지요. 이 현상을 바로 **불꽃 반응**(Flame Reaction)이라고 불러요.

원소의 전자는 열에너지를 받으면 들떠서 높은 에너지 상태로 올라갔다가, 곧 다시 원래 자리로 돌아오면서 빛을 방출해요. 이때 방출되는 빛의 파장은 원소마다 달라서 우리 눈에는 서로 다른 색깔로 보이는 거예요.

빛의 색은 **파장**과 연결돼 있어요. 붉은색 빛은 파장이 길어(약 700nm 부근) 에너지가 상대적으로 작고, 푸른색이나 보라색 빛은 파장이 짧아(약 400nm 부근) 에너지가 더 커요. 따라서 원소가 어떤 색의 빛을 내는지는 전자 전이의 에너지 차이와 관련이 있어요.

과학자들은 눈으로 보이는 색만 보는 게 아니라, 분광기라는 기구로 빛을 쪼개 각 파장을 정밀하게 관찰해요. 마치 빛의 지문을 읽듯, 어떤 파장이 나타나는지를 보면 그 속에 어떤 원소가 들어 있는지 알 수 있는 거죠. 이 원리를 이용해 멀리 떨어진 별빛을 분석하면 별 속에 수소, 헬륨, 나트륨 같은 원소가 있음을 알 수 있고, 불꽃 반응에서도 금속 원소를 구별할 수 있어요.

불꽃이 터지는 순간의 화학

그렇다면 불꽃놀이의 화려한 색은 어떻게 만들어지는 걸까요? 그 비밀은 **금속 염류**(Metal Salts)에 있습니다. 불꽃놀이를 만드는 사람들은 다양한 금속 원소를 포함하는 염 형태의 화합물을 화약과 함께 혼합해서 사용해요. 불꽃이 터질 때 이 염류들이 고온에서 빛을 방출하면서 우리가 보는 아름답고 다채로운 색의 불꽃이 만들어지는 거랍니다.

이제 어떤 금속 원소가 어떤 색깔의 불꽃을 만들어 내는지 좀 더 자세히 알아볼까요?

빨간색 불꽃의 주인공은 **스트론튬**(Sr)입니다. 스트론튬 화합물이 불에 타면, 용광로에서 뜨겁게 타오르는 쇳물처럼 강렬한 붉은색을 보여줍니다.

주황색 불꽃은 **칼슘**(Ca) 화합물 덕분이에요. 칼슘은 우리 뼈와 치아를 튼튼하게 해 주는 중요한 원소이기도 해요. 불꽃 속에서는 따뜻하고 부드러운 주황빛을 만들어 내지요.

노란색 불꽃을 보면 **나트륨**(Na)을 떠올려 보세요. 나트륨은 소금의 주성분이기도 하고, 불꽃 속에서는 밝고 선명한 노란색 빛이 뿜어 나옵니다. 캠프파이어에서 소금이 묻은 나무가 탈 때 노란 불꽃이 보이는 것도 바로 이 나트륨 때문이에요.

초록색 불꽃은 **바륨**(Ba) 화합물이 만들어 내는 아름다운 색깔이에요. 마치 싱그러운 풀잎이나 에메랄드 보석처럼 맑고 깨끗한 초록색 빛이 밤하늘에 펼쳐집니다.

신비로운 파란색 불꽃은 **구리**(Cu) 화합물이 담당하고 있어요. 구리는 전선이나 동전에도 사용되는 친숙한 금속이에요. 불꽃 속에서는 시원하고 깊은 푸른색 빛이 나옵니다.

마지막으로 보라색 불꽃은 조금 특별해요. 스트론튬 화합물과 구리 화합물을 함께 사용하면, 붉은색과 푸른색 빛이 섞이면서 마치 밤하늘의 별처럼 신비로운 느낌의 보라색이 만들어집니다.

이처럼 불꽃놀이에서 보이는 다양한 색들은 각각 다른 금속 원소들의 불꽃 반응 덕분에 나타나는 것이죠.

불꽃이 하늘로 솟는 힘, 화약의 원리

불꽃놀이는 화려한 색만 보여 주는 게 아니에요. "펑!" 하는 굉음과 함께 하늘로 솟아오르지요. 이 멋진 장면 뒤에도 놀라운 화학의 원리가 숨어 있습니다.

불꽃놀이에는 주로 화약(Gunpowder)이라는 혼합물이 사용되는데, 이를 흔히 **흑색화약**이라고 불러요. 흑색화약은 질산칼륨(KNO_3), 숯(C), 황(S)이라는 세 가지 물질로 이루어져 있어요. 이 물질들이 적절한 비율로 섞여 **연소 반응**을 일으키면 순간적으로 많은 양의 기체가 생성되고 엄청난 열에너지가 방출되면서 폭발이 일어납니다.

원소	불꽃 색	특징
스트론튬(Sr)	빨강	알칼리 토금속(2족). 은백색 금속으로 공기 중에서 쉽게 산화, 세라믹, 자석 소재에 활용
칼슘(Ca)	주황	알칼리 토금속(2족). 뼈, 이, 조개껍데기의 주성분으로 생명체에 필수. 시멘트, 석회 등 건축 자재의 핵심 성분, 신경 전달에도 중요한 역할을 함
나트륨(Na)	노랑	알칼리 금속(1족). 반응성이 매우 크며 자연에서는 소금(NaCl) 형태로 존재. 체액 균형과 신경 자극 전달에 필수, 유리, 비누 제조에도 쓰임
바륨(Ba)	초록	알칼리 토금속(2족). 무거운 은백색 금속, 독성이 있지만 황산바륨($BaSO_4$)은 X선 조영제로 안전하게 사용
구리(Cu)	파랑(청록)	전이 금속. 전기, 열 전도성이 뛰어나 전선, 배관에 널리 쓰임. 청동, 황동 합금의 주성분
스트론튬(Sr)+구리(Cu)	보라	두 원소의 불꽃색이 합쳐져 보라색 불꽃으로 보임. 불꽃놀이에서 독특한 색을 만들 때 활용

각 금속 원소의 불꽃 색과 특징

연소 반응은 물질이 산소와 빠르게 반응하면서 열과 빛을 내며 새로운 물질로 변하는 반응이에요. 흑색화약 속 질산칼륨은 산소를 공급해 주는 **산화제**, 숯과 황은 **연료**의 역할을 해요. 여기에 작은 불씨가 더해지면 격렬한 연소 반응이 일어나고, 이 과정에서 다량의 기체가 만들어져 폭발적인 힘이 생겨요.

연소 반응
산소
온도
연료

예를 들어 질산칼륨이 분해되면 산소와 질소산화물(NO_x) 같은 기체가 발생하고, 숯과 황은 산소와 반응하여 이산화탄소(CO_2)와 이산화황(SO_2) 등의 기체를 생성해요.

고체 상태였던 화약이 연소를 통해 다량의 기체로 바뀌면, 부피는 순식간에 수백 배로 팽창하죠. 이때 팽창한 뜨거운 기체들이 불꽃을 하늘로 밀어 올리는 강력한 힘이 되는 거랍니다.

불꽃놀이는 어떤 과정으로 일어날까?

불꽃이 터지는 과정을 알아봅시다. 먼저 **발사포** 안에 담긴 흑색화약에 불이 붙으면 앞서 설명한 연소 반응이 일어나고, 뜨거운

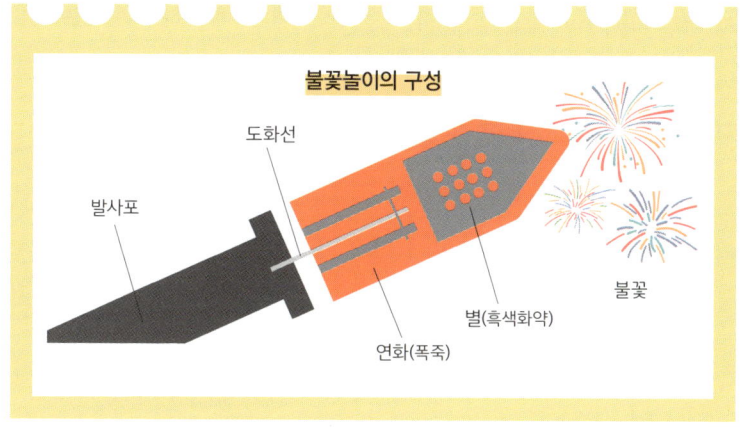

불꽃놀이의 구성

도화선

발사포

별(흑색화약)

연화(폭죽)

불꽃

가스가 연화, 즉 **폭죽**을 힘차게 하늘로 쏘아 올려요. 이때 **도화선** 이 중요한 역할을 해요. 단순한 끈처럼 보이지만, 실제로는 정해진 시간 후에 점화되도록 설계된 장치예요.

도화선이 천천히 타들어 가는 동안 연화는 점점 더 높이 올라 갑니다. 일정한 높이에 도달했을 때, 연화 내부에 숨겨진 두 번째 **흑색화약**에 불이 붙어요. 그 안에는 불꽃의 색과 모양을 결정하 는 별(star)이 함께 들어 있어요. 다양한 금속 염류로 만들어진 작 은 구슬 모양의 별들이 연화가 공중에서 폭발할 때 사방으로 흩 어져 연소하면서, 하늘 위에 화려한 불꽃을 그려 내는 거예요.

불꽃놀이에서 불꽃의 모양이 다양한 이유는 폭죽 안에 들어 있는 화약과 색을 내는 금속 화합물이 어떻게 배열되어 있느냐에 달려 있어요. 별들을 둥글게 배치하면 하늘에 원형 불꽃이 터지고, 별 모양이나 하트 모양처럼 특정 형태로 배열하면 그 모양대로 불꽃이 펼쳐져요. 여러 층으로 겹쳐 넣으면 한 번 터진 뒤, 이어서 또 다른 색과 모양의 불꽃이 차례차례 나타나기도 하지요.

불꽃놀이에서 들리는 다양한 소리는 단순히 화약이 터지는 소리가 아니에요. 연소 과정에서 생긴 가스가 빠르게 **팽창**하면서 만들어지는 현상이지요. 작은 폭죽은 발생하는 가스가 적고 팽창 속도가 빨라 짧고 날카로운 소리가 납니다. 큰 폭죽은 많은 양의 가스가 한꺼번에 퍼져나가 깊고 웅장한 소리를 내요. 여기에 알루미늄이나 마그네슘 같은 금속 가루가 섞이면, 연소하면서 작은 불꽃이 튀고 특유의 '탁탁' 소리까지 함께 들을 수 있어요.

결국 불꽃놀이의 소리는 연소 속도와 가스의 양, 그리고 그 가스가 공기를 밀어내며 만들어내는 압력 변화에 따라 달라지는 거랍니다.

이처럼 화학은 우리 눈에 보이는 아름다움뿐만 아니라, 우리가 살아가는 세상의 다양한 현상을 설명해 주는 아주 중요한 학문이에요.

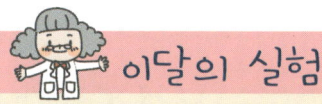 **이달의 실험**

집에서 안전하게 즐기는 불꽃 반응 실험!

준비물 알코올, 소금, 염화리튬, 염화칼륨, 염화구리, 증류수, 오목한 용기, 면봉, 라이터, 보안경
※준비물은 온라인몰에서 쉽게 구할 수 있어요.

실험방법

❶ 각각의 금속염을 아주 소량씩 오목한 용기에 담고, 물 몇 방울을 떨어뜨려 살짝 녹여요.

❷ 또 다른 용기에 알코올(에탄올)을 깊이 1cm 정도만 조심히 붓고, 불을 붙여요.

❸ 면봉 끝에 금속염 용액을 살짝 묻혀요.

❹ 묻힌 면봉을 불꽃 가장자리에 살짝 가까이 가져가요.

❺ 어떤 색의 불꽃이 나오는지 집중해서 관찰해 보세요.

유의사항

실험이 끝난 후에는 불이 완전히 꺼졌는지 확인하고, 용기와 시약은 안전하게 처리해요. 사용한 손도 깨끗하게 씻어요.

화학 이야기

금속 원소마다 다른 색을 내는 건 바로 그 원소들이 가진 고유한 화학적 성질 때문입니다.

소금(NaCl)	염화리튬(LiCl)	염화칼륨(KCl)	염화구리(CuCl₂)
노란색	빨간색	보라색	청록색

2월

달콤한 매력에 빠져들다

초콜릿 속에 숨겨진 화학의 쓸모

입안에서 사르르 녹는 초콜릿,
달콤한 맛과 향 속에 숨어 있는
분자들의 비밀을 함께 따라가 볼까요?

어릴 적, 엄마 몰래 냉장고에서 꺼내 먹던 달콤한 초콜릿의 기억, 다들 한 번쯤은 있으시죠? 입안에 넣는 순간 사르르 녹아내리면서 온몸에 퍼지는 달콤함은 정말 잊을 수 없는 행복한 맛이었을 거예요.

밸런타인데이가 되면 주변은 온통 달콤한 초콜릿 향기로 가득 차고, 형형색색의 예쁜 포장지에 담긴 초콜릿들이 우리를 유혹하곤 하죠. 좋아하는 친구에게, 고마운 부모님께, 혹은 나 자신에게 선물하는 초콜릿은 단순한 간식을 넘어 특별한 마음을 전하는 매개체가 되곤 해요.

이 부드럽고 달콤한 초콜릿은 어떻게 만들어지는 걸까요? 단순히 카카오 열매를 갈아서 만드는 걸까요? 물론 카카오 열매가 초콜릿의 가장 중요한 재료지만, 우리가 즐겨 먹는 맛있는 초콜릿이 되기까지는 복잡하고 신기한 화학적 변화들이 숨어 있습니다.

화학으로 만든 사랑의 맛, 초콜릿

　초콜릿의 주원료는 **카카오**(Cacao) 열매랍니다. 이 열매 안에는 카카오닙스라는 씨앗이 들어 있는데, 이 씨앗이 발효, 건조, 로스팅 등의 과정을 거치면 우리가 아는 초콜릿의 풍미가 생깁니다.

　이때 다양한 화학반응들이 일어나면서 수많은 **향기 분자**가 만들어지죠. 커피 원두가 로스팅 과정을 거치면서 독특한 향을 내는 것과 비슷하다고 생각할 수 있어요. 로스팅된 카카오닙스를 갈면 **카카오 매스**라는 걸쭉한 액체가 되는데, 이 안에는 초콜릿의 부드러움을 담당하는 **카카오 버터**(Cacao Butter)라는 지방 성분과 초콜릿의 쌉쌀한 맛과 색깔을 내는 카카오 고형분이 함께 들어 있어요.

　카카오 버터는 여러 종류의 **트리글리세리드**(triglyceride, 중성지

초콜릿의 주재료인 카카오 매스는 '카카오 고형분'과 하얀색 지방인 '카카오 버터'로 분리돼요.

방)가 섞여 있어서 일정한 온도에서만 녹는 게 아니라 보통 30~35℃ 사이에서 서서히 고체에서 액체로 변해요. 그래서 초콜릿은 실온이나 손에서는 단단한 고체 상태로 남아 있지만, 입안의 온도는 우리 몸의 평균 체온인 약 36.5℃이기 때문에 카카오 버터의 녹는점을 넘어 금세 부드럽게 녹아 버리는 거랍니다.

초콜릿이 녹는다는 건 곧 고체가 액체로 바뀌는 상변화를 말해요. 화학에서는 이 과정을 **융해**라고 불러요. 고체 상태에서는 분자들이 규칙적인 결정 구조를 이루면서 제자리에 붙잡혀 진동만 하고 있지요. 그런데 온도가 올라가면 분자들의 운동 에너지

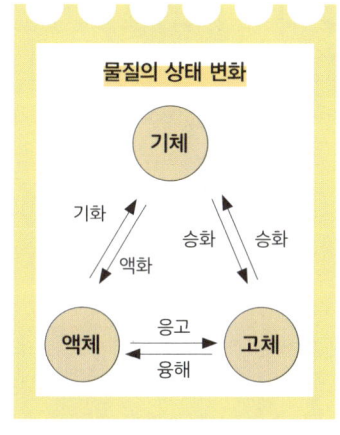

가 커져서 분자들을 붙잡고 있던 약한 힘이 끊어지고 배열이 무너져요. 그 결과 분자들이 훨씬 자유롭게 움직일 수 있게 되고, 액체 상태로 바뀌는 거예요.

쌉쌀한 카카오에 달콤함을 더해 우리를 행복하게 만들어 주는 또 다른 중요한 재료는 바로 **설탕**($C_{12}H_{22}O_{11}$)이랍니다. 설탕은 단맛을 내는 대표적인 탄수화물로, 초콜릿의 쌉쌀한 맛을 부드럽게 중화시켜 주고 우리가 좋아하는 달콤한 맛으로 바꾸어 주죠.

설탕 분자는 물에 아주 잘 녹는 성질을 가지고 있어서 초콜릿을 입에 넣으면 침 속의 물 분자와 빠르게 상호작용을 하며 단맛을 느끼게 해 줍니다.

카카오 버터는 기름 성분이고, 카카오 고형분과 설탕은 주로 물과 잘 섞이는 성질을 가지고 있어요. 이처럼 서로 잘 섞이지 않는 물질들을 안정적으로 섞이게 해 주는 역할을 하는 것이 바로 유화제(Emulsifier)랍니다.

초콜릿 제조 과정에는 주로 레시틴(Lecithin)이라는 유화제가 사용돼요. 레시틴 분자는 한쪽 끝은 기름과 잘 섞이고 다른 쪽 끝은 물과 잘 섞이는 특별한 구조를 가져요. 이러한 특성 때문에 기름과 물 성분이 분리되지 않고 안정적인 유화(emulsion) 상태를 유지할 수 있어요. 이 덕분에 마요네즈나 우유처럼 초콜릿이 부드

러운 식감을 가질 수 있게 되는 거예요.

우리가 맛있게 먹는 초콜릿은 단순히 재료를 섞는 것만으로는 만들어지지 않아요. **템퍼링**(Tempering)이라는 아주 정교한 온도 조절 과정을 거쳐야 한답니다. 템퍼링은 카카오 버터의 불안정한 결정 구조를 안정적인 형태로 바꿔 주는 과정이에요.

템퍼링은 초콜릿을 특정 온도 범위에서 녹이고 식히기를 반복하면서, 안정적인 결정 구조가 형성되도록 유도하는 과정입니다. 템퍼링이 제대로 되지 않은 초콜릿은 표면이 하얗게 변하거나(블루밍 현상), 부드럽게 녹지 않고 뚝뚝 끊어지는 식감을 가지게 돼요.

초콜릿은 재료의 비율을 조절하거나 새로운 성분을 더해 무궁무진하게 변신할 수 있어요. 카카오 함량을 낮추고 우유 성분을 더하면 달콤한 밀크초콜릿이 되고, 반대로 카카오 함량을 높이면

쌉쌀하면서도 깊은 풍미를 가진 다크초콜릿이 되지요. 견과류, 과일, 향신료 등을 첨가하면 새로운 맛과 향, 식감이 어우러져 초콜릿을 훨씬 다채롭게 즐길 수 있답니다.

초콜릿, 감정을 움직이는 달콤한 화학

초콜릿이 단순한 간식이 아니라 사람의 감정에도 영향을 준다는 깃을 알고 있나요? 사실 이긴 오랫동안 연구된 주제입니다.

초콜릿 속에는 테오브로민($C_7H_8N_4O_2$), 페닐에틸아민($C_8H_{11}N$), 그리고 트립토판($C_{11}H_{12}N_2O_2$)이라는 특별한 물질들이 들어 있어요. 이 성분들은 뇌에서 작용해 기분을 안정시키고, 마치 사랑에 빠진 듯한 감정을 유도한답니다.

먼저 **테오브로민**부터 알아볼까요? 테오브로민은 초콜릿 속에서 발견되는 대표적인 물질이에요. 이름이 낯설게 느껴질 수도 있지만, 사실 테오브로민은 우리가 잘 아는 **카페인**과 비슷한 구조랍니다. 이 물질은 중추신경계를 자극해 살짝 각성 효과를 주고, 심장 박동을 조금 빠르게 하며, 혈압을 낮추는 역할도 합니다. 그래서 초콜릿을 먹으면 머리가 맑아지고 기분이 좋아지는 거예요.

페닐에틸아민은 사랑의 감정을 유발하는 신경 전달 물질이에요. 사람이 사랑에 빠졌을 때 뇌에서 분비되는 이 물질은 설렘과 두근거림을 만들어 낸다고 해요. 그런데 신기하게도 초콜릿 속에도 페닐에틸아민이 들어 있어요. 그

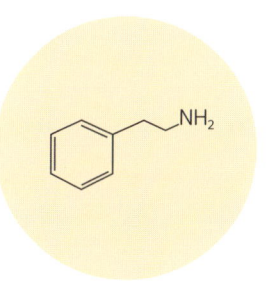

페닐에틸아민의 분자 구조

래서 초콜릿을 먹으면 마치 사랑에 빠진 것처럼 기분이 좋아지는 느낌을 받을 수 있답니다.

하지만 초콜릿을 먹는다고 해서 곧바로 사랑에 빠지는 건 아니에요. 초콜릿 속 페닐에틸아민은 대부분 소화 과정에서 분해되기 때문에 직접적인 영향을 미치지는 않습니다.

그렇다면 초콜릿을 먹으면 왜 기분이 좋아질까요? 그 이유는 초콜릿을 먹을 때 형성되는 즐거운 기억과 감정을 조절하는 또 다른 물질들 덕분이에요.

트립토판은 세로토닌이라는 신경 전달 물질의 원료가 되는 필수 아미노산이에요. 세로토닌은 흔히 '행복 호르몬'이라고 불리는데, 기분을 안정시키고 스트레스를 줄여 주는 역할을 해요. 초콜릿 속 트립토판이 체내에서 세로토닌으로 변환되면서, 우리는 더욱 기분 좋은 상태를 경험할 수 있어요.

결국 초콜릿을 먹고 나서 느끼는 행복감은 단순한 맛 때문이 아니라, 화학적 반응 덕분이라고 할 수 있답니다.

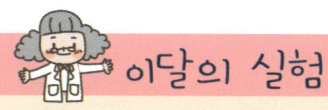

달콤한 과학! 초콜릿 만들기에 도전해 봐요!

준비물 다크초콜릿 200g, 스테인리스 볼 2개, 냄비, 디지털 온도계, 실리콘 주걱,
유산지 또는 초콜릿 몰드
※준비물은 온라인몰에서 쉽게 구할 수 있어요.

실험방법

❶ 냄비에 물을 조금 넣고 약불로 가열해요. 그 위에 초콜릿을 담은 볼을 올려 중탕
으로 초콜릿을 녹여 주세요. 물이 볼 안으로 들어가지 않도록 주의해요.

❷ 초콜릿이 다 녹으면 불에서 내려서 온도를 체크해요. 다크초콜릿은 45~50℃가
적당해요.

❸ 녹인 초콜릿의 1/3을 다른 볼에 옮겨 두고, 남은 2/3는 저어가며 27~28℃까지
식혀요.

❹ 식힌 초콜릿에 미리 옮겨둔 1/3 초콜릿을 다시 넣고 잘 섞어요.

❺ 혼합물의 온도가 31~32℃가 되도록 맞춰 주세요. 이 온도가 바로 템퍼링의 핵
심입니다.

❻ 준비한 몰드나 유산지에 초콜릿을 부어서 모양을 잡고 굳혀요.

화학 이야기

초콜릿의 주성분인 코코아 버터는 다양한 형태의 결정 구조를 가질 수 있어요. 템
퍼링은 이 중 가장 안정적인 베타(β) 결정을 유도하여 매끄럽고 윤기 있으며, 깨물
었을 때, '똑' 하는 소리와 함께 부러지는 이상적인 초콜릿을 만드는 과정이랍니다.
온도를 조절하며 녹이고 식히는 과정을 통해 불안정한 결정들을 녹이고 안정적인
결정이 자라도록 돕는 것이죠. 이 덕분에 초콜릿은 입안에서 부드럽게 녹고, 겉은
단단해지는 거랍니다.

3월

생각의 흔적을 기록하다

필기구 속에 숨겨진 화학의 쓸모

연필과 펜, 지우개까지.
우리가 늘 함께하는 필기 도구에도 화학이 숨어 있어요.
그 원리를 들여다볼까요?

우리는 연필로 쓱쓱 그림을 그리고, 볼펜으로 또박또박 글씨도 쓰고, 실수한 부분은 지우개로 깨끗하게 지우고, 수정테이프로 깔끔하게 고칩니다. 이러한 과정은 너무도 익숙하고 당연하게 여겨져서 그 속에 숨겨진 과학 원리를 고민해 볼 생각을 하지 못했을 거예요.

우리가 매일 사용하는 이 평범한 필기구 속에도 흥미로운 화학의 세계가 담겨 있다면 믿으시겠어요? 지금부터 우리의 손끝에서 시작하는 기록의 흔적을 화학으로 풀어가 볼까요?

연필로 쓰며 화학을 이해하기

먼저 연필에 대해 알아봅시다. 16세기 영국에서 검고 부드러운 광물, **흑연**이 발견되었어요. 사람들은 이 신기한 광물로 글씨를 쓰기 시작했지만, 흑연은 너무 무르고 손에 잘 묻어 사용하기 쉽지 않았어요. 하지만 프랑스의 발명가 **자크 콩테**가 흑연과 점토의 혼합물 비율을 조절하여 단단함과 부드러움을 자유자재로 조절할 수 있는 연필심을 만들어 냈거든요.

이 연필심 속에는 놀라운 화학적 비밀이 숨어 있습니다. 흑연은 **탄소 원자**들이 육각형 벌집 모양으로 층층이 쌓인 구조로 되어 있고, 이 층들은 약한 힘으로 연결되어 있어 쉽게 미끄러져 부서지는 성질을 가지고 있어요. 그래서 종이에 힘을 주고 글을 쓰면 얇은 흑연 조각들이 종이 표면에 떨어져 흔적을 남기게 되는 거죠.

그리고 **점토**는 흑연 층 사이를 채워 넣어 연필심의 강도를 높이는 역할을 해요. **흑연** 비율이 높을수록 부드럽고 진하게 써지고, 점토 비율이 높을수록 단단하고 흐리게 써집니다.

연필심의 종류

Hard(단단한)	Firm(굳은)	Black(검은)
흑연 < 점토 심이 단단하고 숫자가 높아질수록 옅어져요.	흑연 = 점토 HB와 비슷하지만 H급의 경도와 비슷해서 오래 쓸 수 있어요.	흑연 > 점토 심이 부드럽고 숫자가 높아질수록 진해져요.

지우개로 사라지는 글씨의 비밀

지우개는 주로 천연고무나 합성고무, 여러 가지 첨가물로 만들어져요. 예전에는 천연고무 지우개가 흔했지만, 오늘날에는 가공이 쉽고 값이 저렴한 **폴리염화비닐**(PVC) 지우개도 많이 쓰인답니다. 여기에 가소제나 연마제, 충전제 같은 물질을 더해 부드럽게 잘 닳고 흑연 가루가 잘 달라붙게 하는 거지요.

노트에 적힌 연필의 흔적은 흑연 가루가 종이 표면의 울퉁불퉁한 틈에 얹혀 있는 상태예요. 지우개로 문지르면 **마찰**과 **압력** 때문에 지우개 표면이 조금씩 부스러져 나오면서, 그 조각들이 흑연 입자를 감싸 종이에서 함께 떨어져 나가요.

반면 볼펜 잉크는 액체 상태로 종이 섬유 사이까지 깊이 스며들

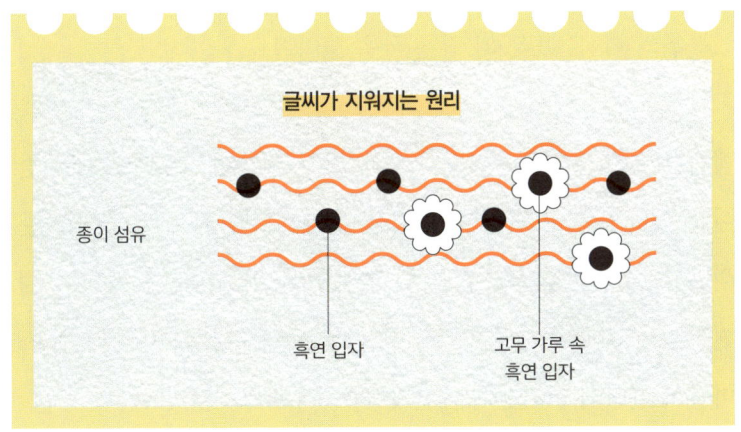

글씨가 지워지는 원리

종이 섬유

흑연 입자

고무 가루 속
흑연 입자

어 마치 염색처럼 단단히 자리 잡기 때문에 단순히 표면을 문지르는 지우개로는 지워지지 않아요. 그래서 볼펜 자국을 없애려면 특별한 화학 반응을 이용하는 지우개 펜이 필요합니다.

종이 표면

지우개는 어떤 재질로 만들어졌느냐에 따라 성능이 달라져요. 천연고무 지우개는 부드럽게 잘 지워지지만, 대신 지우개 찌꺼기가 많이 남는 편이에요. 합성고무 지우개는 더 깔끔하게 지워지지만, 종이를 조금 더 쉽게 손상할 수 있어요.

볼펜, 딸각 소리 속의 화학

볼펜의 핵심은 **잉크**와 작은 금속 **볼**이에요.

볼펜 잉크는 다양한 색깔의 색소나 염료를 용매에 녹여 만든 액체입니다. 과거에는 잉크가 쉽게 번지거나 마르는 데 오랜 시간이 걸리는 단점이 있었지만, 지금 우리가 사용하는 볼펜 잉크는 **점도 조절제**, **건조 방지제** 등 다양한 화학 첨가물을 사용하여 훨씬 편리해졌어요. 이렇게 만들어진 잉크는 종이 섬유에 깊숙이 스며들어 단단히 달라붙기 때문에 쉽게 지워지지 않아요.

그리고 무엇보다도 글씨가 오랜 시간이 지나도 색이 변하거나 사라지면 안 되겠죠? 그래서 잉크에 사용되는 색소나 염료는 빛, 열, 공기 등 외부 환경 요인에 쉽게 분해되지 않도록 안정적인 화학 구조를 가져야 해요. 색소 분자는 보통 여러 개의 **이중결합**과 **방향족 고리**를 포함해 빛을 흡수하면서 특정한 색을 띱니다.

하지만 이러한 구조가 파괴되면 색이 바래거나 사라지게 돼요. 대표적인 원인은 **산화 반응**과 **가수분해 반응**입니다. 공기 중의 산소는 색소 분자와 반응하여 이중결합을 끊거나 새로운 결합을 만들고, 이 과정에서 분자의 전자 구조가 바뀌어 원래의 색을 유지할 수 없게 돼요. 또한 습기가 많은 환경에서는 물 분자가 작용하여 가수분해가 일어나고, 색소가 작은 조각으로 분해되면서 안정성을 잃지요. 이런 이유로 잉크에는 **pH 조절제**나 **방부제** 같은 첨가물을 넣어 불필요한 화학 반응을 막고 안정성을 높여요. 요즘은 온도가 변하면 마치 카멜레온처럼 색이 변하는 **온도 감응성 염**

종이가 색이 바래는 이유는 산화 반응과 가수분해 반응 때문입니다.

료(Thermochromic)도 있어요, 약 60℃의 마찰열이 가해지면 잉크의 분자 구조가 변하여 무색으로 변하고, 온도가 낮아지면 다시 색이 나타나요.

여러분, 볼펜을 들고 촉 끝을 살펴볼래요? 작은 금속 볼이 보이나요? 우리가 볼펜으로 종이를 누르면서 움직이면 이 볼이 회전하면서 잉크를 종이 표면에 옮겨 주는 역할을 해요.

잉크는 **모세관 현상**이라는 물리·화학적 원리에 의해 잉크 탱크에서 볼까지 흘러나옵니다. 모세관 현상은 좁은 관을 따라 액체가 이동하는 현상으로, 잉크 분자 간의 인력과 잉크 분자와 관 벽 사이의 인력 때문에 나타나요.

볼펜 잉크의 점도는 이 모세관 현상이 적절하게 일어나도록 세밀하게 조절되어 있답니다. 덕분에 우리는 잉크가 끊기거나 너무 많이 나오지 않고 부드럽게 글씨를 쓸 수 있는 거예요.

지우개 똥처럼 볼펜도 '똥'이 생긴다는 것을 아시나요? 필기 중 볼펜 끝에 잉크가 뭉쳐서 굳거나 말라붙은 잉크 덩어리를 본 적 있죠? 이러한 현상은 볼펜의 종류와 구조, 잉크의 성분에 따라 달라지지만, 주로 점도가 높은 잉크가 사용되는 유성 볼펜에서 많이 발생한답니다.

펜의 성질은 잉크에 어떤 용매를 쓰느냐에 따라 달라져요.

유성펜은 기름 성분(알코올, 유기용제 등)을 용매로 쓰기 때문에

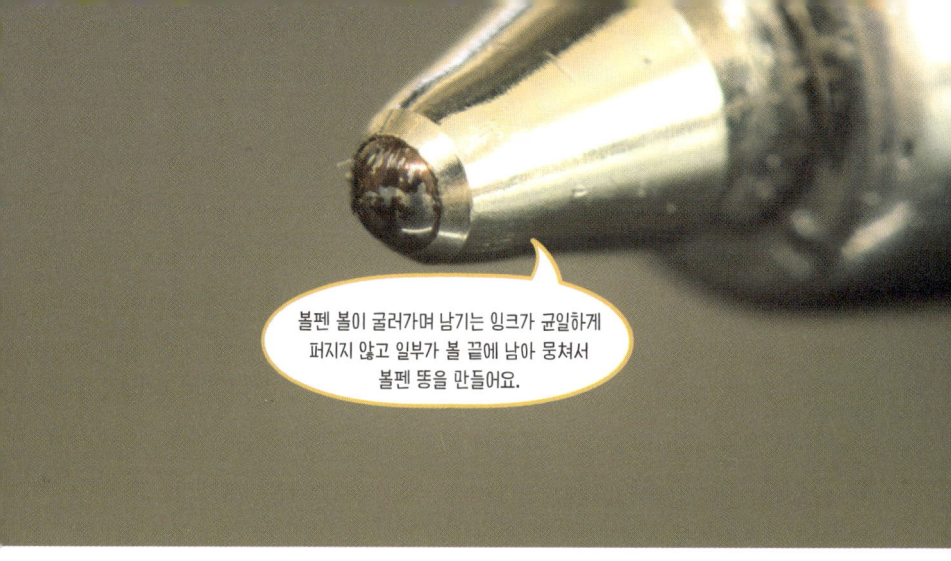

볼펜 볼이 굴러가며 남기는 잉크가 균일하게
퍼지지 않고 일부가 볼 끝에 남아 뭉쳐서
볼펜 똥을 만들어요.

종이 속 깊이 스며들고, 금속이나 플라스틱 같은 매끈한 표면에도
잘 달라붙어요. 그래서 잘 번지지 않고 오래 남지만 한 번 쓰면 지
우기가 어렵지요.

반대로 수성펜은 물을 용매로 쓰기 때문에 색이 선명하고 글씨
가 부드럽게 써져요. 하지만 염료가 물에 잘 녹아 쉽게 번져요. 왜
냐고요? 잉크 속 색소가 물에 녹아 있어 종이 섬유 틈으로 스며들
면서 선의 가장자리가 퍼져 흐릿하게 보이기 때문이랍니다.

수정테이프, 실수를 감추는 과학

연필에 지우개가 있다면, 볼펜에는 수정테이프가 있어요.
수정테이프에는 얇은 플라스틱 필름 위에 하얀색의 수정액이 코팅되어 있습니다. 우리가 수정테이프를 사용해서 글씨 위에 덧칠하면, 압력에 의해 수정액이 필름에서 떨어져 나와 종이 표면에 붙어요.

수정액은 주로 이산화티타늄(TiO_2)이라는 하얀색 안료, 접착제 역할을 하는 수지, 그리고 용매로 이루어져 있어요. 용매는 수정액이 필름에 얇게 코팅될 때까지 액체 상태를 유지해 주다가, 종이에 옮겨붙는 순간 빠르게 증발하여 하얀색 안료와 수지만을 남기게 된답니다. 수정테이프의 접착력은 수정액에 포함된 수지의 종류와 양에 따라 조절됩니다. 너무 강하거나 약하지 않도록 최적의 비율로 배합하는 것이 중요해요.

이처럼 찰나의 영감을 영원한 기록으로 남기기 위해 우리가 써내려가는 글자 한 자에도 화학이라는 보이지 않는 힘이 숨어 있어요!

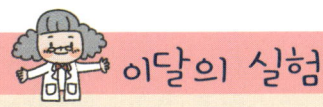

이달의 실험

물 속에 기포가? 연필심으로 전기분해를 해 봐요!

준비물　2B 이상의 연필심 2자루, 투명 플라스틱 컵, 물, 소금, 9~12V 건전지, 집게전선 2개

※준비물은 문구점이나 온라인몰에서 쉽게 구할 수 있어요.

실험방법

❶ 연필 양 끝을 깎아 연필심(흑연 심)이 드러나도록 해 주세요.

❷ 투명 플라스틱 컵에 물을 담고, 소금을 한 숟가락 넣어서 녹여 주면, 전해질 용액이 만들어져요.

❸ 연필 두 자루의 한쪽 연필심이 물에 잠기도록 넣어 주세요. 이때 서로 닿지 않도록 해 주세요.

❹ 나머지 연필심에 집게 전선을 하나씩 연결하고, 전선의 다른 쪽은 건전지의 양극과 음극에 연결해 주세요.

❺ 연필심에서 기포가 발생하는 것을 관찰해요!

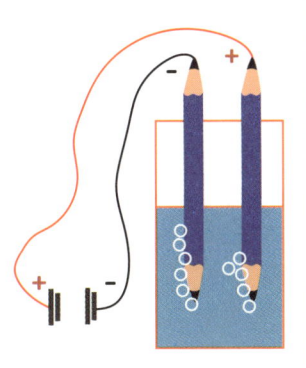

화학 이야기

연필심은 흑연(탄소)으로 되어 있는데, 이 흑연이 도체의 역할을 하면서 물의 전기분해가 가능해져요. 기포가 생기는 위치와 양을 확인하면, 어떤 전극에서 어떠한 반응이 일어나는지도 추론해 볼 수 있답니다.

$$2H_2O \rightarrow 2H_2 + O_2$$

물의 전기분해 반응식을 참고하면, 기체가 더 많이 생성되는 음극(-)에서 수소 기체가 발생하고, 양극(+)에서는 산소 기체가 발생함을 알 수 있어요. 이 실험을 통해 전기분해, 전해질, 전극의 반응 같은 교과서 속 개념도 다시 공부해 볼 수 있어요.

4월

향기에 추억을 담다

꽃향기와 향수에 숨겨진 화학의 쓸모

봄바람에 실려 오는 꽃향기,
그 순간 우리는 행복해집니다.
향기는 어떻게 기억과 감정을 불러일으킬까요?

4월의 봄바람이 살랑살랑 불어오면 어디선가 은은하고 기분 좋은 꽃향기가 코끝을 간지럽히고는 하죠. 활짝 핀 노란색 개나리의 산뜻함, 벚꽃의 달콤함, 이름 모를 들꽃들의 은은함까지! 봄은 온 세상을 향기로 가득 채우는 계절인 것 같아요.

우리의 발걸음을 붙잡는 이 은은하면서도 달콤한 꽃향기는 어떻게 만들어지는 걸까요? 왜 우리는 이 향기에 끌리게 되는 걸까요? 이 향기를 영원히 간직할 방법은 없을까요?

봄바람을 타고 온 꽃향기의 정체는 분자

우리가 느끼는 다채로운 꽃향기는 사실 꽃들이 제각각 만들어 내는 **휘발성유기화합물**(VOCs)들의 정교한 조합이랍니다. 쉽게 말해 공기 중으로 쉽게 증발하는 작은 분자들인 셈이죠. 이 작은 분자들이 공기 중으로 퍼져 나가 우리의 코에 있는 후각 세포를 자극하면, 우리는 비로소 이것을 특정한 향기로 느끼게 됩니다.

과학 시간에 배운 **확산**이라는 개념을 기억하나요? 잉크를 물에 떨어뜨리면 점점 번져 나가는 것처럼, 향기 분자도 꽃잎에서 공기 중으로 확산되어 우리 코까지 도달합니다.

그렇다면 왜 같은 꽃이라도 다른 향기가 나는 걸까요? 이유는 꽃들이 만들어 내는 휘발성유기화합물의 종류와 비율이 다르기 때문이랍니다. 예를 들어 장미 향기는 주요 성분 중 하나인 **제라니올**(Geraniol) 분자 덕분인데, 이 분자는 달콤하면서도 풀 향기를 내요. 라벤더 향기는 **리날룰**(Linalool)이라는 분자에 의해 시원하고 은은한 향기를 지닙니다.

마치 레고 블록처럼 탄소, 수소, 산소 등의 원자들이 다양한 방식으로 결합하여 수많은 종류의 휘발성유기화합물을 만들고, 이 화학 물질들이 꽃마다 독특한 비율로 혼합되어 우리에게 다채로

같은 꽃이라도 꽃들이
만들어 내는 휘발성유기화합물의
종류와 비율에 따라
향기가 달라요.

운 꽃향기를 선물하는 거죠.

꽃향기는 단순히 우리를 즐겁게 해 줄 뿐만 아니라, 식물들에 아주 중요한 생존 전략이기도 해요. 꿀벌, 나비 등을 유인해 식물이 번식할 수 있도록 돕고, 때로는 해충을 쫓거나 초식동물로부터 공격을 방어하는 역할을 한답니다. 꽃향기가 꽃들의 보호자 역할을 하는 셈입니다.

악취로 보내는 신호

하지만 자연에는 우리를 불쾌하게 만드는 **악취**도 존재해요. 악취는 단순한 냄새가 아니라, 생물들의 신호 체계나 방어 전략의 일부랍니다.

고양이 소변 특유의 강한 냄새는 암모니아, 요소 분해물, 그리고 펠리닌(felinine)이라는 수컷 고양이 소변에만 나타나는 황 성분을 포함한 **아미노산** 때문이에요. 시간이 지나면서 박테리아가 이를 분해하면 황화합물과 암모니아 가스가 발생해 더욱 고약한 냄새가 나지요.

고양이에게 소변은 영역표시와 의사소통 수단이에요. 냄새 속 화학 성분은 개체의 성별, 건강 상태, 발정 여부를 알려 주는 화학적 언어 역할을 하지요. 하지만 인간은 이런 냄새 성분을 위험

수컷 고양이 소변에는 아미노산 때문에 특유의 강한 냄새가 나요.

신호처럼 받아들이며 본능적으로 불쾌감을 느껴요. 이는 부패나 배설물 같은 냄새에 거부감을 가지도록 진화하면서, 질병을 피하도록 적응했기 때문이지요. 이처럼 꽃향기와 마찬가지로 악취도 **생존**을 위한 중요한 신호라고 볼 수 있답니다.

향수에 담긴 화학의 기술

향수는 다양한 천연 또는 합성 향료를 알코올과 같은 용매에 녹여 만든 혼합물이에요. 향수를 만드는 과정에는 다양한 화학 기술이 쓰인답니다. **천연 향료**는 꽃, 잎, 뿌리, 열매 등 식물의 다양한 부분에서 추출하는데, 증류법, 용매 추출법, 압착법 등 다양한 화학적 방법을 사용하여 향기의 성분을 분리해 내요.

대표적인 방법으로는 **증류법**이 있어요. 향기가 나는 식물 재료와 물을 함께 끓이면, 휘발성유기화합물 분자들이 수증기와 함께 증발했다가 냉각되면서, 액체 상태의 에센셜 오일로 분리됩니다.

　　또 다른 방법으로는 **추출법**이 있어요. 꽃잎처럼 열에 약한 식물 재료는 휘발성이 강한 용매를 사용해서 향기 성분을 녹여낸 후, 용매를 증발시켜 농축된 향료를 얻는 방식이에요.

　　합성 향료는 석유 화학 물질을 이용해서 인공적으로 만들어요. 자연에 존재하지 않는 새로운 향을 만들거나, 희귀해서 값이 비싼 천연 향료를 대체하기 위해 사용되죠.

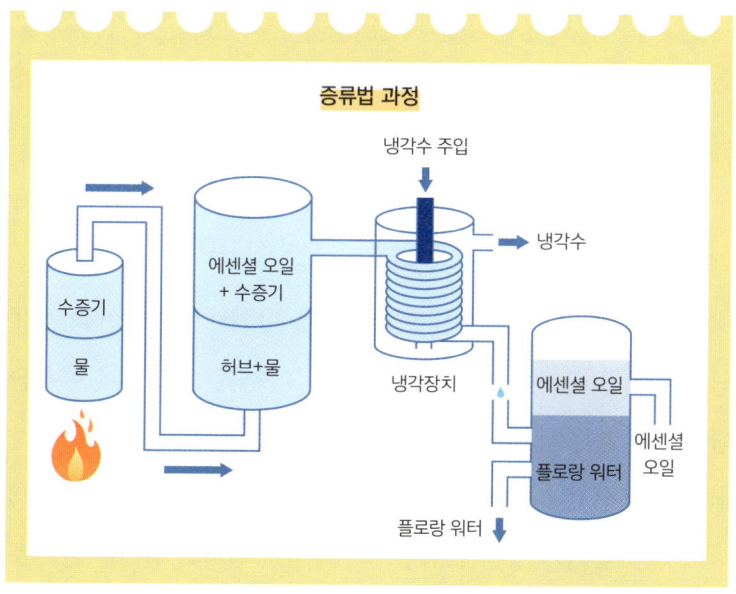

증류법 과정

냉각수 주입

냉각수

에센셜 오일
+ 수증기

수증기

물

허브+물

냉각장치

에센셜 오일

에센셜
오일

플로랑 워터

플로랑 워터

향수는 어떻게 만들어질까?

꽃향기를 모았으니, 이제 향수를 만들어 볼까요? 향수는 기본적으로 정제수와 에탄올, 그리고 에센셜 오일을 이용해 만듭니다. 에탄올(C_2H_5OH)은 친수성기(-OH)와 소수성기(C_2H_5)를 함께 가진 극성용매라서 물과 잘 섞이면서도 무극성 향료 성분을 어느 정도 녹일 수 있어요. 이러한 에탄올의 특성을 활용해 향수는 물과 향료(기름 성분)를 함께 섞어 만든답니다.

현대의 향수는 첫향(Top Note), 중향(Middle Note), 잔향(Base Note)으로 구성됩니다.

첫향에 사용되는 분자들은 휘발성이 강하므로 향수를 뿌린 후 가장 먼저 느껴지는 향이라고 할 수 있어요. 첫인상을 결정하는 역할을 하기에 주로 가볍고 상쾌한 향을 사용해요.

중향은 본격적으로 느껴지는 향수의 핵심적인 향으로, 꽃향기나 과일 향 등이 많이 사용됩니다.

잔향에 사용되는 분자들은 휘발성이 낮아서 오랫동안 피부에 남아 향기를 유지해요. 가장 오랫동안 지속되면서 잔향과 여운을 남기는 역할을 맡고 있죠. 보통 무겁고 깊은 향으로, 나무 향, 바닐라 향 등이 주로 쓰이지요.

이처럼 세 가지 향이 조화롭게 어우러져 하나의 완성된 향기를 만들어 냅니다. 이러한 작업은 **조향사**(perfumer)들의 몫이랍니다. 수많은 향료의 특징을 이해하고, 휘발성유기화합물 분자들의 화학적 특성을 고려하여 노트별 향료를 신중하게 선택하고 배합하여 시간의 흐름에 따라 변하는 향기의 매력을 느낄 수 있도록 노력하고 있지요.

그럼, 향수는 어떻게 뿌리는 것이 좋을까요? 맥박이 뛰거나 온기가 있는 손목 안쪽이나 목뒤, 그리고 심장이 있는 왼쪽 가슴 부위에 뿌리는 것이 좋아요. 향수를 뿌린 뒤에는 가볍게 톡톡 두드려 주면 됩니다.

단, 너무 세게 문지르지 마세요! 문지르면 열이 가해지면서 **분자운동**이 빨라져, 원래는 천천히 증발해야 하는 큰 분자들까지 동시에 날아가 버려요. 그렇게 되면 향이 단계적으로 구분되지 않고 한꺼번에 섞여 마치 뭉개진 것처럼 느껴져요.

결국 열은 분자 간의 약한 결합을 쉽게 끊어 **증발 속도**를 불규

향수는 극성용매인 에탄올의 특성을 활용해, 물과 향료를 함께 섞어 만든 거예요.

칙하고 무질서하게 만들고, 이 때문에 향수 본래의 향을 제대로 즐기기 어려워진답니다.

향기는 왜 기억과 연결될까?

달콤하고 싱그러운 향기에 끌리는 이유가 단순히 향기의 매력 때문만은 아닙니다. 그 이유는 **후각 신경**이 우리의 감정을 담당하는 뇌 부위와 직접적으로 연결되어 있기 때문이지요.

향기 분자가 코의 후각 수용체와 결합하게 되면, 전기적 신호가 후각 신경을 통해 뇌로 전달되고, 우리 뇌는 이 신호를 해석해서 어떤 향인지 인식하게 되죠. 이때 뇌의 **변연계**라는 부분에서 감정과 관련된 반응이 일어난답니다.

그래서 특정한 향기를 맡으면 과거의 행복했던 순간이 떠오르거나, 심리적 안정감, 스트레스 해소에도 도움을 줄 수 있게 되는 거예요.

우리가 무심코 지나치는 꽃 한 송이, 뿌리는 향수 한 방울에도 이렇듯 화학이 숨겨져 있답니다. 향기는 단순한 냄새를 넘어, 식물들의 생존 전략이자, 우리에게는 아련한 추억을 선물해 주는 매개체랍니다.

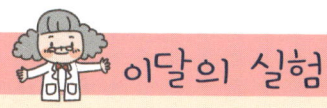

내 방이 향기로워지는 순간! 룸 스프레이 만들기!

준비물　소독용 에탄올 50ml, 정제수 또는 증류수 50ml, 에센셜 오일 10~20방울(라벤더, 레몬, 로즈마리 등 원하는 향), 스프레이 용기(유리나 PET 재질), 계량컵, 스푼
※준비물은 온라인몰에서 쉽게 구할 수 있어요.

실험방법

❶ 계량컵에 에탄올 50ml를 넣어요.

❷ 에센셜 오일을 10~20방울 떨어뜨려요.(처음엔 적게 넣고, 향을 맡아가며 조절해요)

❸ 스푼으로 잘 섞어 줍니다.

❹ 이제 정제수 또는 증류수 50ml를 천천히 부으며 계속 저어 줘요.

❺ 완성된 혼합물을 스프레이 용기에 담고 뚜껑을 닫아요.

❻ 사용할 땐 가볍게 흔든 다음 공중이나 커튼, 침구 위에 뿌려 주세요!

화학 이야기

에센셜 오일은 휘발성이 강한 유기 화합물들이 섞여 있는 혼합물로, 공기 중에서 쉽게 증발해 우리 코의 후각 세포를 자극해요. 알코올(에탄올)은 에센셜 오일과 물 모두에 어느 정도 용해되는 성질을 가지고 있어, 에센셜 오일이 물에 고르게 퍼지도록 돕고, 공기 중으로의 휘발을 촉진해요. 그 결과 에탄올에 녹아 있던 에센셜 오일 분자들이 공기 중으로 퍼져 나가면서 은은한 향을 느낄 수 있게 되는 거죠.

5월

손안에 화학공장을 옮겨쥐다

스마트폰에 숨겨진 화학의 쓸모

스마트폰은 단순한 기계가 아니에요.
작은 기계 안에서
화학은 어떻게 세상을 연결할까요?

오늘도 여러분은 스마트폰과 함께 얼마나 많은 시간을 보냈나요? 스마트폰은 이제 단순한 기계를 넘어, '우리의 손과 발처럼 몸의 일부가 아닐까?'라는 착각이 들 정도로 삶에 깊숙이 스며들었어요.

그런데 한 손에 잡히는 그 작은 기기가 사실은 수많은 화학 반응과 신소재가 모여 만들어진 작은 화학 공장이라면 믿어지나요?

스마트폰의 두뇌, 반도체

스마트폰의 두뇌 역할을 하는 핵심 부품은 **반도체**예요. 그 주재료는 주기율표의 14족에 있는 규소(Si)라는 원소랍니다. 규소는 모래나 돌멩이에도 아주 많이 들어 있는 흔한 원소인데, 어떻게 스마트폰의 중요한 두뇌가 될 수 있을까요?

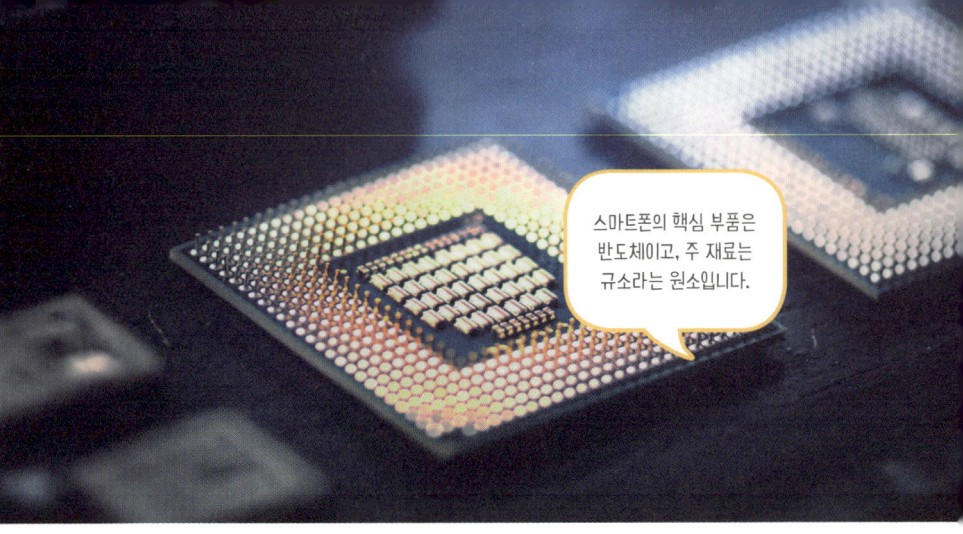

스마트폰의 핵심 부품은 반도체이고, 주 재료는 규소라는 원소입니다.

순수한 **규소**는 전기가 잘 통하지 않는 부도체와 전기가 잘 통하는 도체의 중간 성질을 가져 반도체라 불립니다. 규소가 반도체로서 특별한 능력을 가지는 이유는 **원자가 전자**(valence electron) 덕분이에요. 가장 바깥 전자껍질에 포함되어 화학 반응에 참여하는 전자를 원자가 전자라고 한답니다.

규소는 원자가 전자가 4개라서 다른 규소 원자들과 서로 전자를 공유합니다. 마치 네 명의 친구가 서로 손을 잡고 튼튼한 원을 만들 듯, 4개의 공유 결합을 형성해 안정적인 구조를 만들어요.

그런데 여기에 미량의 다른 원소들이 혼합되면 놀라운 일이 벌어집니다. 예를 들어 15족 원소의 인(P)이나 13족 원소의 붕소(B)를 첨가하면 규소의 성질이 변하게 되죠. **인**은 규소보다 원자가 전자가 1개 더 많아, 규소 결정에 들어가면 남는 전자가 생겨 전기가 흐르게 도와줍니다.

　반대로 **붕소**는 규소보다 원자가 전자수가 1개 부족해서 전자가 이동할 수 있는 공간(정공)을 만들고, 이 정공을 통해 전기가 흐를 수 있게 돼요. 이렇게 미량의 불순물을 첨가해 규소의 전기적 성질을 조절하는 것을 **도핑**이라고 합니다.

　스마트폰의 반도체에는 **트랜지스터**라는 아주 작은 스위치들이 아주 많이 들어가 있어요. 이 트랜지스터는 도핑된 규소를 이용해서 전기의 흐름을 아주 빠르게 켜고 끄면서, 0과 1로 이루어진 디지털 신호를 처리합니다.

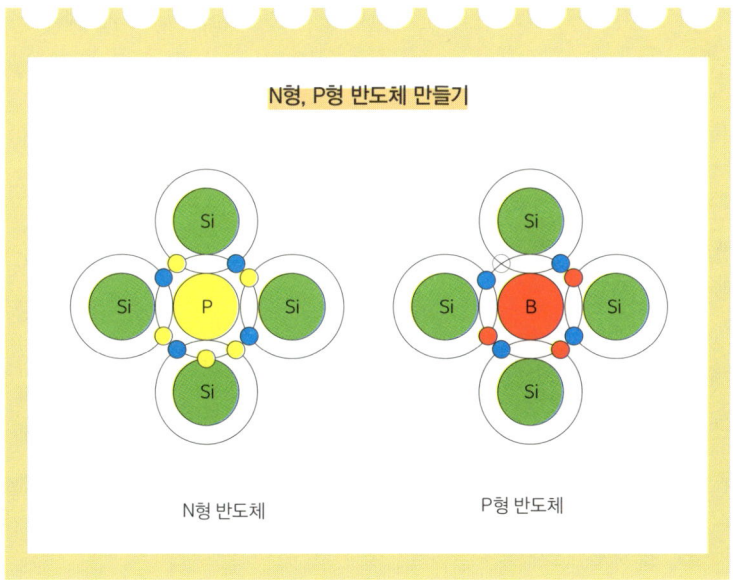

N형, P형 반도체 만들기

N형 반도체　　　　　　P형 반도체

스마트폰 화면의 비밀, 디스플레이

우리가 스마트폰으로 보는 다채롭고 선명한 화면은 어떻게 만들어지는 걸까요?

여러분, 무지개를 본 적 있나요? 무지개는 햇빛이 공기 중의 물방울을 통과하면서 여러 가지 색깔로 나뉘어 보이는 현상인데, 스마트폰의 디스플레이에도 비슷한 원리가 활용됩니다. 아주 미세한 점들이 빛을 내고, 이 빛들이 혼합되어 우리가 보는 다양한 색깔과 이미지를 만들거든요.

스마트폰 디스플레이는 크게 **액정디스플레이**(LCD)와 **유기발광다이오드디스플레이**(OLED)로 구분할 수 있어요. 두 가지 모두 빛의 삼원색인 빨간색(R), 초록색(G), 파란색(B)을 이용하여 다양한

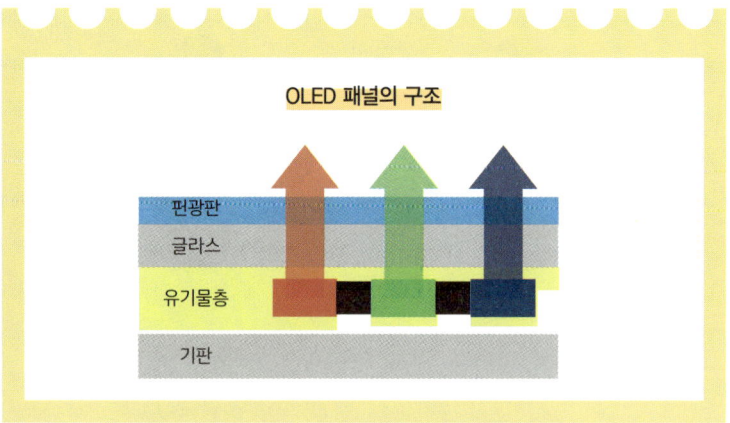

색을 표현한다는 공통점이 있지만, 빛을 내는 방식은 다릅니다.

LCD는 액체와 고체의 중간 상태인 액정이라는 특별한 물질을 사용해요. 이 액정은 스스로 빛을 내지는 못하지만, 전기장의 방향에 따라 분자 배열이 달라지는 특별한 성질을 가지고 있지요.

LCD는 백라이트라는 광원에서 빛을 쏘아 주고, 이 빛이 편광판을 통과하면서 특정한 방향으로 진동하는 빛으로 바뀌어요. 이 편광된 빛이 액정 층을 통과할 때, 액정에 가해지는 전압에 따라 액정 분자들의 배열이 바뀌면서 빛의 통과량이 조절된답니다. 마치 블라인드 각도를 바꿔 빛의 양을 조절하는 효과와 비슷해요.

마지막으로 컬러필터를 통과하면서 빨간색, 초록색, 파란색의 빛으로 나뉘고, 이 빛들이 섞여서 우리가 보는 다채로운 색깔을 만들어 내는 거랍니다.

OLED는 LCD와 다르게 스스로 빛을 내는 유기 화합물층으로 이루어져 있어요.

밤하늘의 별들을 상상해 보세요. 그리고 이것을 작은 전구들이 촘촘하게 걸려 있는 것으로 생각해 보아요. OLED 소자에 전압을 가하면, 유기 화합물층에서 전자와 정공이 결합하면서 스스로 빛을 내요. 이때 사용되는 유기 화합물의 종류에 따라 빨간색, 초록색, 파란색 빛이 나와요.

OLED는 백라이트와 컬러필터가 필요 없어서 LCD보다 구조가

	LCD	OLED
빛을 내는 방식	스스로 빛을 내지 못해 백라이트가 필요함	각각의 픽셀이 스스로 빛을 냄
주요 구성	백라이트, 액정, 컬러필터	발광층(유기물질), 전극
장점	· 가격이 비교적 저렴함 · 긴 수명 · 밝은 화면에 유리함	· 색 표현력이 뛰어남 · 얇고 유연한 패널 제작 가능 · 시야각이 넓음 · 빠른 응답속도
단점	· 백라이트 때문에 두께가 두꺼움 · 시야각이 좁음	· 수명이 LCD보다 짧음 · 제작 비용이 비쌈
활용 예시	모니터, TV, 노트북	고급형 TV, 스마트폰, 스마트워치, 전광판

LCD와 OLED 비교

더 간단합니다. 그래서 얇고 가벼운 디스플레이를 만들 수 있어요. 또 각 소자가 독립적으로 빛을 켜고 끌 수 있어서 명암비가 월등하고, 응답속도가 빨라서 잔상이 적어, 우리는 더욱 선명하고 생생한 화면을 볼 수 있는 거랍니다.

한 가지 더! OLED는 얇고 유연하게 만들 수 있는 장점이 있어요. 그래서 폴더블 스마트폰이나 롤러블 스마트폰에는 **플렉서블 올레드**(Flexible OLED)가 사용돼요. 이 유연한 디스플레이는 미래 스마트폰의 혁신을 이끌어 갈 핵심 기술로 주목받고 있지요.

스마트폰을 움직이는 배터리 화학

혹시 스마트폰 배터리가 없어서 갑자기 연락이 끊어지거나, 중요한 순간에 사진을 찍지 못해 당황했던 경험이 있나요? 배터리가 없는 스마트폰은 벽돌이나 다름없어요.

스마트폰에는 대부분 리튬이온 배터리가 사용되는데, 크게 네 가지 주요 부분으로 나눌 수 있어요.

첫 번째는 전자를 잃고 산화 반응이 일어나는 **음극**(-극)으로, 주로 탄소 물질(흑연)로 만들어져요.

두 번째는 전자를 얻고 환원 반응이 일어나는 **양극**(+극)인데, 주로 리튬과 금속 산화물로 만들어져 있지요. 이들 물질은 리튬 이온을 저장하고 내보내는 능력이 뛰어나기 때문에 배터리의 성능을 결정하는 중요한 요소랍니다.

세 번째는 **전해질**이에요. 전해질은 리튬염이 녹아 있는 액체 또는 겔 형태로 되어 있어 리튬 이온은 잘 통과하지만, 전자는 통과하지 못하도록 설계되어 있어요. 만약 전자까지 전해질을 통해 직접 이동하게 되면 배터리 내부에서 단락(전기 기기에 연결된 회로를 통과하지 않고, 두 전극 사이를 직접 이동하는 현상)이 일어나 순식간에 큰 전류가 흐르면서 급격한 발열이 일어나고, 열폭주 현상으로 이어져 폭발이나 화재가 발생할 수도 있습니다.

충전과 방전이 계속되면
배터리 내부의 화학 물질들이 변질되면서
결국 배터리 성능이 떨어집니다.

네 번째는 **분리막**입니다. 미세한 구멍으로 이루어진 아주 얇은 막으로, 양극과 음극이 직접 만나지 않도록 중간에서 막아 줘요. 만약 분리막이 손상되면 양극과 음극이 직접 접촉하여 과열, 화재, 폭발 등의 위험한 상황이 발생할 수 있어요.

리튬이온 배터리의 충전과 방전 과정은 화학 시간에 배우는 **산화·환원 반응**과 아주 밀접하게 관련성이 있어요. 외부에서 전기 에너지가 공급되면, 리튬 이온들이 양극에서 음극으로 이동하면서 전자도 함께 이동해요. 이 과정이 바로 **충전**이며, 이때 리튬 이온들은 음극에 저장된답니다.

반대로 스마트폰을 사용할 때(방전)는 음극에 저장되어 있던 리튬 이온들이 다시 양극으로 이동하면서 전자를 내놓고, 이 전자의 흐름이 전기를 발생시켜 스마트폰을 작동시킵니다.

배터리 수명은 충전과 방전을 반복할 수 있는 횟수를 의미해요. 충전과 방전이 계속되면 배터리 내부의 화학 물질들이 조금씩 변질되면서 리튬 이온의 이동이 원활하지 않게 되고, 결국 배터리 성능이 떨어집니다. 그래서 배터리 수명을 늘리기 위해서는 과충전이나 완전 방전을 피하고, 적절한 온도에서 사용하는 것이 중요합니다.

최근에는 배터리 성능을 높이기 위해 전고체 배터리, 리튬·황 배터리 등 새로운 배터리 기술이 연구되고 있고, 충전 속도를 높이기 위해 급속 충전 기술이 개발되고 있어요.

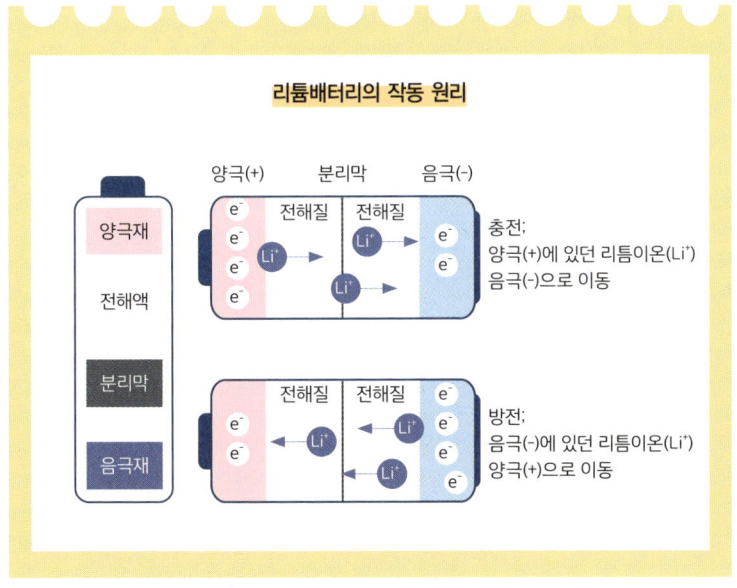

환경을 지키는 스마트폰 사용

스마트폰은 우리 생활을 편리하게 해 주지만, 환경 문제라는 숙제도 안겨 줍니다. 스마트폰 제조 과정에서 희토류, 코발트, 리튬 등 희귀 광물이 사용되고, 버려진 스마트폰은 카드뮴, 납, 수은 등 **유해 물질**을 배출하기도 해요.

이러한 문제를 해결하기 위해 재활용이 가능한 소재를 사용하고, 에너지 효율을 높여 사용 시간을 늘리는 연구가 진행 중이며, 폐스마트폰에서 유용한 금속을 회수하고, 유해 물질은 안전하게 처리하기 위한 기술도 개발되고 있습니다. 스마트폰 제조 과정에서 발생하는 폐수를 정화하고, 유해 물질의 배출을 최소화하기 위한 노력도 병행되고 있어요.

여러분도 손에 쥐고 있는 스마트폰을 유행에 따라 바꾸기보다는 오래 사용하고, 수명이 다한 스마트폰은 올바르게 재활용하는 습관을 들여 보세요. 여러분의 자그마한 행동 하나가 더 나은 미래 지구를 만드는 첫걸음이랍니다.

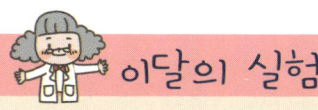

과일 속에 전기가? 과일 전지 만들기 실험!

준비물 레몬 또는 오렌지, 감자, 토마토 등 수분 많은 과일 1~2개, 아연판, 구리판, 전선 2~3개, 작은 LED 전구
※준비물은 문구점이나 온라인몰에서 쉽게 구할 수 있어요.

실험방법

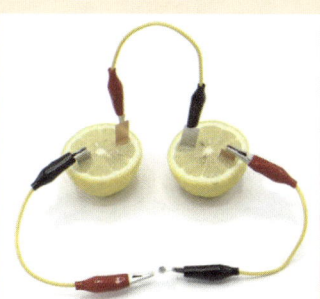

❶ 과일을 가볍게 굴려서 안쪽의 즙이 잘 퍼지도록 해요. 단, 껍질은 찢어지지 않게 조심해요.

❷ 구리판과 아연판을 과일에 약 2~3cm 간격으로 꽂아요. 서로 닿지 않게 해야 해요.

❸ 전선의 한 쪽을 구리판에, 다른 쪽은 아연판에 연결해요.

❹ 연결된 전선을 LED 전구의 양쪽 다리에 연결해 봐요.

❺ 불이 들어오면 대성공! 만약 불이 안 들어오면 과일을 2개 이상 직렬 연결해 봐요. 과일 전지에서 나오는 전력은 매우 약해서 LED 전구의 불빛을 어두운 곳에서 확인하는 것이 좋아요.

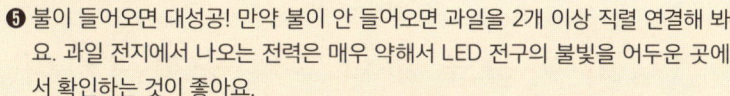

화학 이야기

레몬이나 귤 같은 과일에는 산이 들어 있어서 금속 전극(아연과 구리)을 꽂으면 전해질 역할을 하며 전류가 흐를 수 있게 도와줘요. 아연에서는 전자가 빠져나오고 (산화), 구리에서는 그 전자를 받아들이면서(환원) 전류가 흐르는데, 이때 전자는 아연 → 전선 → LED 전구 → 구리 방향으로 움직여요. 전기가 잘 흐르면 LED 전구에 불이 들어오죠! 이 실험을 통해 산화·환원 반응, 전해질, 전류의 흐름 등 교과서에서 배우는 과학 개념을 직접 확인할 수 있어요.

6월

전쟁의 아픔을 화학으로 승화시키다

전쟁터에 숨겨진 화학의 쓸모

전쟁은 인류를 파괴했지만,
그 속에서도 화학은 생명을 살리려 애썼습니다.
화학의 양면성, 우리는 어디에 주목해야 할까요?

6월 호국 보훈의 달을 맞이하여 나라를 위해 희생하신 분들의 숭고한 희생정신을 기리는 동시에, 전쟁에서 사용된 화학의 두 얼굴을 살펴보려고 합니다.

화학은 전쟁터에서 병사들의 생명을 지키는 데 큰 역할을 했습니다. 상처를 입은 병사들을 치료하기 위해 사용하는 **소독제**(에탄올, 과산화수소)는 상처 부위의 세균 감염을 막아 패혈증과 같은 심각한 합병증을 예방했습니다. **마취제**(에테르, 클로로포름)는 수술 과정에서 환자들의 고통을 덜어 주는 데 꼭 필요했죠. 또한, **진통제**(아스피린, 모르핀 합성 유도체)는 부상 병사들의 통증을 줄여 치료와 회복을 돕는 데 필수였답니다. 특히 **항생제**의 개발은 세균 감염으로 인한 사망률을 크게 줄이는 데 결정적인 이바지를 했어요.

이뿐만이 아니에요. 전쟁터에서는 제대로 된 물과 식량, 생필품조차 부족했는데, **보존제**는 식량이 쉽게 상하는 것을 방지하여 장기간 보관이 가능하게 했어요. 그리고 정수제(차아염소산나트륨, NaClO) 또는 염소(Cl_2)를 물에 녹이면 차아염소산(HOCl)이 생성돼요. 이 차아염소산은 세균의 단백질이나 DNA와 반응해 화학 결합을 변화시키고, 결국 세균은 살아남을 수 없게 돼요. 이러한 원리 덕분에 정수제의 발명은 오염된 물을 안전하게 마실 수 있도록 만들어 주었습니다.

합성 섬유는 가볍고 질기면서도, 보온성이 뛰어나서 옷이나 담요, 낙하산의 주재료로 활용되어 군인들의 생존율을 높여 주었지요. 방독면 필터(활성탄, 흡착제)는 독가스 공격에 대비해 병사들을 보호하는 중요한 장치가 되었어요.

화학 무기와 전쟁의 비극

화학은 때로는 전쟁이라는 슬픈 역사 속에서 파괴적인 힘으로

화학 물질로 만든
유독성 화학약품이
전쟁에서 사용되기도 해요.
이를 화학전이라고 불러요.

사용되기도 했어요. 그 대표적인 사례가 **독가스**입니다. 독가스의 사용은 전쟁의 비인도적인 측면을 아주 극명하게 보여 주는 사례라고 할 수 있어요. 실제로 제1차 세계대전 때 처음으로 실전에 투입된 염소가스, 포스젠 등의 독가스는 인체의 호흡기나 피부에 심각한 손상을 일으켜 극심한 고통과 질식, 끝내 사망에 이르게 하는 무서운 물질이었습니다.

이 때문에 지금은 국제적으로 **화학무기금지협약**(CWC)이 체결되어 화학 무기의 개발, 생산, 비축, 사용을 전면적으로 금지하고 있어요. 그리고 독성 화학 물질을 안전하게 처리하는 기술 개발에 힘쓰고 있답니다.

이는 화학이 인류에게 가져다줄 수 있는 파괴적인 결과를 인지하고, 평화를 위해 국제 사회가 함께 노력하는 중요한 증거라고 볼 수 있어요.

연막탄과 최루탄의 화학

전쟁 영화나 다큐멘터리를 보면서, 연막탄이나 최루탄은 어떤 화학 원리로 만들어지는지 궁금했던 적 있나요?

먼저 **연막탄**을 살펴볼까요? 안개가 자욱한 날 앞이 잘 보이지 않듯, 연막탄은 적들의 시야를 가려 혼란을 주는 역할을 합니다.

그 속에는 **염화아연**($ZnCl_2$)을 만들어 내는 물질들과 열을 발생시키는 성분이 함께 들어 있어요. 이들이 연소하면서 고온의 화학 반응이 일어나요. 생성된 염화아연은 공기 중의 수분을 흡수하면서 아주 미세한 입자로 응결돼요. 이것이 우리가 보는 연기의 형태로 퍼지게 되는 거죠.

여기에는 **콜로이드**라는 화학 개념이 숨어 있어요. 콜로이드는 액체나 기체 속에서 아주 작은 입자들이 균일하게 분산된 것처럼 보이는 상태를 말합니다. 연막탄에서 나오는 연기는 기체 속에 고체 입자가 퍼져 있는 **에어로졸**, 즉 콜로이드의 한 형태예요. 빛이 공기 중에 떠다니는 이 미세한 입자들과 부딪혀 산란되면서 마치 하얀 연기처럼 우리 눈에 보이게 되는 거랍니다. 생활 속에서 방향제나 분무기를 뿌릴 때 나오는 희뿌연 안개도 같은 원리입니다.

솔 (Sol)	고체 입자가 액체에 분산된 상태(예: 페인트)
에어로졸 (Aerosol)	액체 또는 고체 입자가 분산된 상태(예: 스프레이, 먼지)
젤 (Gel)	액체가 고체에 분산된 상태(예: 젤리, 치약)
에멀전 (Emulsion)	액체가 다른 액체에 분산된 상태(예: 우유, 마요네즈)
폼 (Foam)	기체가 액체나 고체에 분산된 상태(예: 거품)

콜로이드의 형태

공기 중에 미세한 액체 방울이 퍼져서 빛을 산란시키기 때문에 우리 눈에는 희뿌옇게 보이는 거예요.

화생방 훈련이라는 말은 들어봤나요? **화생방**은 화학(化), 생물(生), 방사능(放)을 뜻하는 말로, 군인들이 이 세 가지 무기에 대비하기 위해 시행하는 훈련을 말합니다. 실제 훈련에서는 최루탄이나 연막탄을 사용합니다.

최루탄은 연막탄과는 조금 다른 화학적 원리가 적용돼요. **최루탄**의 주성분은 클로로벤질리덴 말로노니트릴(CS), 클로로아세토페논(CN) 등의 화학 물질이에요. 이 물질들은 소량으로도 우리의 눈, 코, 피부의 감각 신경을 강하게 자극하는 성질을 가지고 있습니다.

최루탄이 터지면 이 화학 물질들이 공기 중으로 확산해 신체의 점막에 닿게 됩니다. 눈에 닿으면 신경이 자극되어 눈이 화끈거리고 통증이 심해져요. 호흡기로 들어가면 목이 따갑고 숨쉬기가 힘

최루탄에는 소량으로도
우리 몸의 감각 신경을
자극하는 물질이 들어 있습니다.

들어집니다. 피부에 닿으면 따갑고 빨갛게 달아오르며 가려움이나 발진이 생길 수 있어요.

우리 몸은 이러한 화학물질에 노출되면 **방어 반응**을 일으켜요. 눈에서는 눈물을 과도하게 분비해 빨리 이 자극 물질을 씻어내려고 하고, 코에서는 콧물이, 입에서는 재채기가 나오게 돼요. 특히 땀이 난 부분은 더 심하게 따갑게 느껴지는데, 이것도 피부가 손상을 막으려고 염증 반응을 일으키는 과정이에요. 아주 매운 고추를 먹었을 때 우리 몸이 뜨거움을 느끼고 땀을 흘리는 것과 비슷한 화학적 자극 반응이지요.

지금도 화학은 첨단 무기 개발, 의약품 생산, 식량 확보 등 광범위하게 다양한 분야에서 이바지하고 있어요. 미래 사회를 살아갈 우리는 과거의 역사를 통해 화학의 양면성을 깨닫고, 앞으로 화학이 인류의 번영과 평화를 위해 올바르게 사용될 수 있도록 끊임없이 고민하고 노력해야 해요.

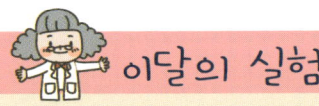 이달의 실험

잉크 속에 숨은 무지개! 색소 분리 실험!

준비물 수성 사인펜(검은색이나 여러 색이 섞인 펜 추천), 거름종이(키친타월), 물,
컵, 나무젓가락(아이스크림 막대바)
※수성 사인펜이 아닌 유성펜은 잘 안 돼요. 꼭 수성인지 확인해 주세요.

실험방법

❶ 거름종이(키친타월)를 길쭉한 직사
각형 모양으로 잘라요.

❷ 아래에서 약 2cm 위쪽에 사인펜으
로 작은 점을 하나 찍어요.

❸ 컵에 물을 0.5cm 정도 높이로 부어
주세요.

❹ 나무젓가락을 컵 위에 걸치고, 사인
펜 점이 물에 닿지 않도록 거름종이
를 살짝 담가요.

❺ 가만히 기다리면 용액이 종이를 타
고 올라가요. 잉크색이 분리되며 퍼
지는 모습을 볼 수 있어요.

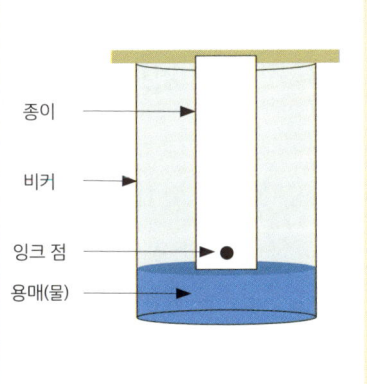

종이

비커

잉크 점

용매(물)

화학 이야기

크로마토그래피는 혼합물을 이루는 각 성분이 이동상(여기서는 물 또는 에탄올)과
고정상(여기서는 거름종이)에 대해 서로 다른 친화력을 가지는 것을 이용하여 분리
하는 방법이에요. 잉크 속의 여러 색소 성분이 물이나 에탄올에 녹는 정도와 종이
에 흡착되는 정도가 다르기 때문에 이동 속도가 달라져 분리되는 것이랍니다.

연금술에서 근대화학까지! 원소, 원자, 분자

불꽃과 연금술의 비밀

인류가 불을 발견한 그 순간, 화학의 긴 여정은 시작되었습니다. 동굴 깊숙한 곳에서 첫 불꽃이 튀어 오른 이후 나무는 재로 변하고, 차가운 돌멩이가 불 속에서 붉게 달궈지면서 단단한 광석이 반짝이는 금속으로 변하는 모습은 얼마나 신기했을까요?

나일강 변에서 이집트 장인들은 모래와 소다를 불꽃 속에 녹여 놀라운 푸른빛 유리를 만들어 냈어요. 메소포타미아의 대장장이들 역시 불꽃 속에서 철을 단련해 강력한 무기를 만들었어요. 뜨거운 불 속에서 쇠를 달구고 누느리며 그들은 물질의 성질을 점점 더 깊이 이해했지만, 왜 이런 변화가 일어나는지는 정확히 알지 못했죠.

기원전 4세기, 그리스 철학자들은 세상의 근본 원리를 탐구하기 시작했어요. 엠페도클레스는 세상이 네 가지 원소인 불, 물, 흙, 공기로 이루어졌다고 주장했고, 아리스토텔레스는 여기에 뜨거움, 차가움, 건조함, 습함이라는 네 가지 성질을 더해 세상의 모든 물질을 설명하려 했답니다.

이 믿음에서 **연금술**이 탄생했어요. 아리스토텔레스의 이론은 연금술사들에게 납을 금으로 변환할 수 있다는 희망을 주었죠. 연금술은 단순한 기술이 아니라, 세상의 모든 물질을 변화시키고 영원한 생명을 얻으려는 인간의 염원이 담긴 철학이 되었습니다.

연금술사들은 **현자의 돌**이라는 신비로운 힘을 찾아 끊임없이 실험했어요. 유리관, 도가니, 증류기 사이로 다양한 색깔의 증기가 피어오르고, 불꽃 아래 놓인 쇠그릇에서는 이상한 소리와 함

근대 과학 이전에 유행한 연금술은 화학, 약학, 물리학, 점성술, 기호학 등 다양한 학문의 결합이라고 할 수 있어요.

께 액체가 끓어올랐어요. 다양한 물질을 섞고, 가열하고, 증류하며 변화를 관찰했죠. 그 과정에서 황산(H_2SO_4), 질산(HNO_3) 같은 수많은 화학 물질을 발견했고, 증류, 여과, 승화 등 다양한 실험 기술이 개발되었습니다.

14세기, 유럽 전역을 휩쓴 **흑사병**은 연금술의 위상을 뒤흔들었어요. 죽음의 공포에 휩싸인 사람들은 연금술에 더 많이 매달렸지만, 연금술사들은 흑사병을 막을 수 없었죠. 더러운 실험실, 오염된 실험 도구, 비과학적인 접근은 오히려 질병의 확산을 부추겼죠.

그럼에도 연금술사들이 축적한 실험적 지식과 기술은 근대 화학 발전에 중요한 밑거름이 되었어요. **로버트 보일** 같은 과학자들은 연금술의 신비주의를 비판하며, 실험과 검증에 기반한 방법론을 강조하면서 근대 화학의 기틀을 마련했어요.

결국 연금술은 불꽃에서 피어난 인간의 지혜가 아니었을까요? 비록 그들의 꿈은 이루어지지 않았지만, 그들이 남긴 불꽃은 여전히 꺼지지 않고 이어져 지금과 같은 찬란한 화학의 시대가 열리게 되었답니다.

라부아지에와 원소의 탄생

18세기 프랑스, 베르사유 궁전의 화려한 그림자 속에서 **앙투안**

라부아지에는 연금술의 신비가 아닌 과학적 진실을 탐구하는 특별한 인물이었어요.

앙투안 라부아지에

당시 대부분의 과학자가 연금술사처럼 신비한 힘을 믿었지만, 그는 달랐어요. 세상을 지배하는 것은 신비로운 힘이 아닌 측정 가능한 물질의 법칙이라고 굳게 믿었답니다.

라부아지에는 어린 시절부터 호기심이 남달랐어요. 부유한 법조인 가문에서 태어났지만, 그의 관심사는 언제나 과학이었죠. 세금 징수관이라는 직업을 가졌지만, 밤늦게까지 연구실에서 불을 밝히며 실험에 몰두했어요. 저울과 온도계는 그의 가장 친숙한 도구였고, 실험실은 제2의 집과 같았죠. 그는 단순히 물질을 관찰하는 데 그치지 않고, 그 변화를 정량적으로 분석하는 데 온 힘을 쏟았어요.

그러던 어느 날 밤, 실험실에서 주석을 태우던 그는 놀라운 현상을 목격했죠. 주석이 타면서 생긴 하얀 가루의 무게가 원래 주석보다 더 무거웠던 거예요. 이 발견은 당시 과학계의 통념을 송두리째 뒤흔드는 충격이었답니다.

당시 과학자들은 플로지스톤이 빠져나가 무게가 줄어든다고 믿었지만, 라부아지에는 다른 해석을 제시했어요. 그는 연소 과정에서 공기 중 산소가 주석과 결합하여 무게가 증가했다고 주장했어요.

라부아지에는 수은을 숯가마에서 12일 동안 가열하는 실험을 통해 질량보존의 법칙을 제안했어요.

라부아지에의 연구는 기존 이론을 뒤집고, 연소를 산소와의 화학적 결합이라는 새로운 관점으로 설명하면서 근대 화학의 기틀을 마련했어요.

그의 위대한 업적 중 하나는 **질량 보존의 법칙**을 확립한 것이랍니다. 이 법칙은 화학 반응 중 물질은 새롭게 생성되거나 완전히 소멸하지 않으며, 반응 전과 후의 총 질량은 변하지 않는다는 단순하면서 근본적인 과학 원리예요.

또 라부아지에는 물이 수소와 산소의 화합물임을 밝혀내고, 산소(Oxygen)와 수소(Hydrogen)에 이름을 붙이는 등 **화학 명명법**을 체계화하는 데도 큰 공헌을 했습니다.

수많은 실험을 통해 라부아지에는 다양한 물질을 분석하고, 공통된 성질을 가진 물질들을 **원소**로 정의했어요. 당시에 알려진 33가지 원소를 정리하여 최초의 근대적인 원소 목록을 만들었고, 이는 오늘날 우리가 사용하는 주기율표의 초기 형태였죠.

그는 원소를 더 이상 분해되지 않는 물질의 기본 구성단위로 정의했고, 원소 간의 화학적 결합에 대한 이론을 바탕으로 화학 반응의 본질을 이해하는 데 새로운 틀을 제시했습니다.

그러나 라부아지에의 삶은 비극적이었습니다. 프랑스 혁명 시기, 그는 세금 징수관이었다는 이유로 반역자로 몰려 단두대에서 생을 마감했죠.

하지만 그는 마지막 순간조차 과학에 대한 열정으로 가득했어요. 사형 집행인에게 "내가 눈을 깜빡이는 횟수를 세어보시오. 나의 정신이 얼마나 오랫동안 명료하게 유지되는지 보고 싶소"라고 부탁했다고 해요. 그의 과학적 호기심이 죽음의 순간에도 꺼지지 않았음을 보여 주는 일화죠.

라부아지에의 죽음은 프랑스 과학계에 큰 손실이었지만, 그의 업적은 영원히 남아 있답니다.

돌턴과 아보가드로의 위대한 발걸음

산업혁명의 열기가 영국 전역을 뒤덮고 있던 시기, 맨체스터의 작은 학교에서 존 돌턴이라는 한 남자가 물질의 근원을 향한 또 다른 여정을 시작했어요.

그는 학교 선생님이자 열렬한 과학자였어요. 다른 과학자들이

존 돌턴

복잡한 이론을 추구할 때, 돌턴은 꼼꼼한 관찰과 기록을 통해 과학의 기본을 탐구했어요. 그는 매일 같이 기온, 습도, 기압을 기록하며 날씨의 변화를 분석했고, 그 과정에서 기체들이 일정한 비율로 섞인다는 것을 발견했어요. 이러한 세심한 관찰은 훗날 그의 **원자설** 연구에 중요한 밑거름이 되었죠.

돌턴은 라부아지에가 밝혀낸 원소 개념에 주목했어요. 그는 원소가 더 이상 쪼개질 수 없는 아주 작은 입자, 즉 원자(atom)로 이루어져 있다고 생각했습니다. 당시 과학자들은 이러한 개념을 믿지 않았지만, 돌턴은 끊임없는 실험과 관찰을 통해 자신의 이론을 발전시켰어요.

그가 세운 핵심 가설은 세 가지였어요.

① 모든 물질은 원자라는 더 이상 쪼갤 수 없는 입자로 구성되어 있다.

② 같은 종류의 원자는 질량과 성질이 같고, 다른 종류의 원자는 질량과 성질이 다르다.

③ 화학반응은 원자들이 결합하거나 분리되는 과정이며, 이 과정에서 원자들은 새로 생기거나 없어지지 않는다.

돌턴은 이러한 가설을 바탕으로 **원자량 표**를 만들고, 다양한 화합물의 화학식을 제시했어요. 예를 들어, 그는 물이 수소 원자 1개와 산소 원자 1개로 이루어진 화합물이라고 생각했답니다.

돌턴의 원자설은 과학계에 큰 충격을 주었어요. 사람들은 눈에 보이지 않는 원자의 존재를 상상하기 어려워했지만, 돌턴의 이론은 화학 반응을 설명하는 데 매우 유용했습니다.

그는 원자설을 이용하여 여러 가지 기체의 반응 비율을 설명하고, 화학 반응에서 일정한 비율로 원자들이 결합한다는 **배수 비례의 법칙**을 제시했어요. 예를 들어, 탄소와 산소가 결합하여 이산화탄소와 일산화탄소를 만들 때, 탄소와 산소의 질량비가 항상 일정한 정수비를 나타낸다는 것을 실험적으로 증명했습니다.

하지만 돌턴의 원자설에는 한계도 있었어요. 특히 기체의 부피와 원자의 개수 사이의 관계를 설명하지 못한다는 것이었죠. 이때 이탈리아의 과학자 **아메데오 아보가드로**가 등장했어요.

아보가드로는 "모든 기체는 같은 온도와 압력에서 같은 부피 속에 같은 수의 분자를 포함한다"라는 **아보가드로 법칙**을 제시했답니다. 그는 기체들이 단일 원자가 아니라, 두 개 이상의 원자가 결합한 분자 형태로 존재한다고 주장했어요. 이는 당시 과학계에 또 다른 혁명적인 아이디어였죠.

아보가드로는 **분자** 개념을 도입하여 기체의 반응을 더욱 명확하게 설명할 수 있었답니다. 예를 들어, 수소와 산소가 반응하여 물이 생성될 때, 수소 분자 2개와 산소 분자 1개가 결합하여 물 분자 2개가 생성된다는 것을 밝혔어요. 그는 이를 통해 기체의 반응에서 부피 비가 간단한 정수비를 나타내는 이유를 설명할 수 있었답니다.

돌턴과 아보가드로의 연구는 후대 과학자들이 원자의 구조와 화학 결합의 원리를 연구하는 데 중요한 기반이 되었습니다. 특히 아보가드로 법칙은 기체의 부피와 분자 수를 연결하는 중요한 도구로 사용되었고, 화학 반응의 양적 관계를 이해하는 데 필수적

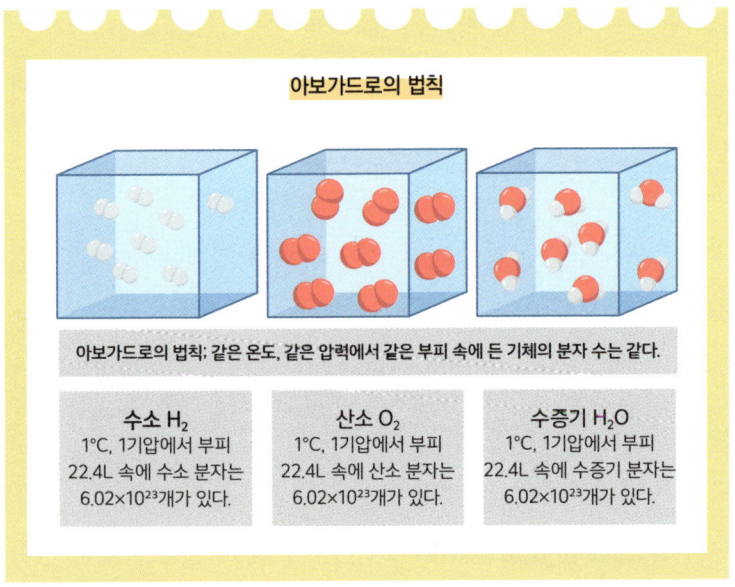

아보가드로의 법칙

아보가드로의 법칙; 같은 온도, 같은 압력에서 같은 부피 속에 든 기체의 분자 수는 같다.

수소 H_2
1°C, 1기압에서 부피 22.4L 속에 수소 분자는 $6.02×10^{23}$개가 있다.

산소 O_2
1°C, 1기압에서 부피 22.4L 속에 산소 분자는 $6.02×10^{23}$개가 있다.

수증기 H_2O
1°C, 1기압에서 부피 22.4L 속에 수증기 분자는 $6.02×10^{23}$개가 있다.

인 개념이 되었어요.

아보가드로의 업적을 기리기 위해, 과학자들은 탄소 12g에 들어 있는 탄소 원자의 수를 **아보가드로 수**(6.02×10^{23})라고 명명하고, 이를 화학량론의 기준으로 삼았답니다.

아메데오 아보가드로

돌턴과 아보가드로는 눈에 보이지 않는 원자와 분자의 세계를 탐구하며 화학의 새로운 지평을 열었어요. 그들의 위대한 발걸음은 오늘날 우리가 물질의 세계를 이해하는 데 없어서는 안 될 중요한 토대가 되었답니다. 그들의 창의적인 아이디어는 단순한 이론을 넘어 현대 과학의 기초를 마련했고, 우리가 세상을 바라보는 관점을 근본적으로 바꾸어 놓았습니다.

7월

태양을 피하고 싶다

선글라스와 자외선 차단제에 숨겨진 화학의 쓸모

뜨거운 태양,
우리 피부를 위협하는 자외선!
화학은 어떻게 우리를 보호해 줄까요?

뜨거운 햇살이 쏟아지는 7월! 여름 방학을 맞아 친구들이나 가족과 함께 바닷가로 떠나거나, 워터파크에서 신나게 물놀이를 즐길 계획을 세우는 친구들이 많을 거예요.

하지만 쨍한 햇볕 아래서 신나게 놀다 보면 여러 가지 불편이 생기기도 해요. **클로라민**이라는 소독 부산물이 눈을 자극해 시리고, 불편하게 느껴지기도 하죠. **자외선**이 피부 세포 안의 DNA 결합을 끊어 세포를 손상하기도 해요. 소독제가 피부의 단백질과 지방을 파괴해 피부 보호막을 약화하면서 피부가 건조해지고 **염증 반응**이 일어나기도 합니다.

지금부터 여름을 건강하게 즐기기 위한 선글라스와 자외선 차단제가 어떻게 우리 눈과 피부를 자외선(UV)으로부터 보호하는지 그 속에 숨겨진 화학 이야기로 여행을 떠나 봐요!

자외선의 비밀

태양 빛은 눈에 보이지 않는 다양한 파장의 빛을 포함하고 있어요. 대표적으로 약 400nm(보라색)에서 700nm(빨간색) 사이의 파장을 가진 **가시광선**, 이보다 파장이 짧고 더 강력한 에너지를 가진 **자외선**(UV)이 있어요.

자외선은 파장에 따라 UVA, UVB, UVC로 나뉘어요. 자외선의 종류마다 피부와 눈에 미치는 영향이 달라서 정확히 알고 대비하는 것이 중요해요.

먼저 **UVA**는 파장이 가장 길어요(320~400nm). 에너지는 비교적 약하지만, 피부 속 진피층까지 침투해 세포 내에서 활성산소를 생성해 간접적으로 DNA 손상을 유발할 수도 있어요. 이 과정에

서 주름이나 기미, 잡티 및 색소 침착을 유발해요. 또한 유리창을 통과하고 흐린 날에도 피부에 영향을 미칠 수 있어요.

UVB는 파장은 중간(290~320nm) 정도지만 에너지가 강해서 피부 표피에 직접적인 영향을 미쳐요. 피부암, 백내장, 면역 기능 저하 등을 일으킬 수 있는 위험한 자외선이에요. 여름철 야외 활동 시 햇볕에 오래 노출되면 피부가 빨갛게 변하고 따끔거리는 일광 화상을 입는 경우가 많은데 바로 이 UVB 때문이에요.

UVC는 자외선 중 파장이 가장 짧고(100~290nm) 에너지가 제일 강력해요. 다행히도 지구의 오존층에서 대부분 흡수되기 때문에 평소 지표면에는 거의 도달하지 않아요. 하지만 만약 오존층이 파괴된다면 지표에 도달해서 세포 손상, 유전자 돌연변이, 생태계 파괴 등 심각한 생물학적 피해를 일으킬 수도 있어요. 실제로 UVC는 강력한 살균력 덕분에 살균용 UV 램프에 활용되고 있어요.

자외선은 전자기파의 일종으로 우리 눈에는 보이지 않지만, 우리의 피부와 눈 건강에 심각한 영향을 미칠 수 있어요. 그래서 모자나 긴 옷, 선글라스나 자외선 차단제 같은 보호 도구를 사용해 자외선 노출을 줄이는 것이 필요해요.

요즘은 실내에서도 자외선 차단제를 바르는 사람들이 많은데, 실제로 형광등에서는 극히 미량의 자외선이 나오지만 대부분 유리관에서 차단되어 건강에 영향을 줄 정도는 아니랍니다.

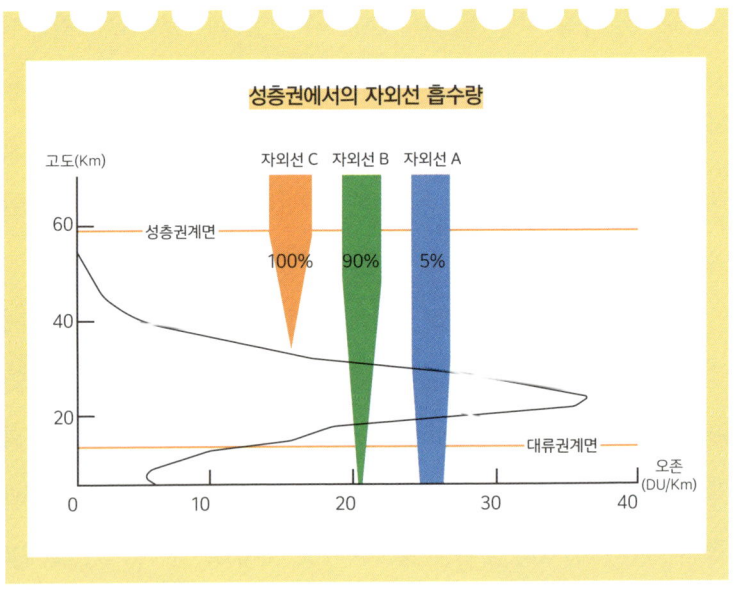

선글라스, 멋과 과학을 동시에!

대부분의 선글라스 렌즈에는 자외선을 흡수하는 유기 화합물(벤조트리아졸 유도체, 벤조페논 유도체 등)이 들어 있어요. 어떤 물질이 특정 파장의 빛을 **흡수**한다는 것은 그 빛 에너지가 물질 속의 전자들을 더 높은 에너지 상태로 올라가게 만드는 것을 의미해요.

자외선 흡수 물질 내부의 **전자**가 자외선을 흡수하면, 들뜬 상태가 되었다가 다시 안정화되면서 열, 혹은 낮은 에너지의 빛으로 방출됩니다. 결과적으로 자외선이 우리 눈에 직접 도달하지 못하게 되는 거죠.

자외선을 **반사**하는 방법도 있습니다. 햇빛은 모든 방향으로 진동하는 빛의 파동으로 이루어져 있답니다. 그런데 물 표면이나 자동차 유리, 아스팔트 바닥 등에 부딪혀 반사되면 수평 방향으로 진동하는 빛 성분이 강하게 반사돼요. 이 반사광이 우리 눈으로 들어오면 눈부심이 심해지고 시야가 흐려질 수 있답니다.

따라서 일부 고급 선글라스에는 **편광**(polarization) 렌즈가 사용됩니다. 편광 렌즈는 렌즈 사이에 아주 얇고 규칙적인 배열을 가진 편광 필름이 끼워져 있어요. 이 필름은 수직 방향으로 진동하는 빛만 통과시키고, 눈부심의 원인이 되는 수평 방향으로 진동하는 빛은 흡수하거나 차단해요. 그 결과 운전 중이나 낚시, 스키처럼 빛 반사가 심한 야외 환경에서도 더 선명하고 편안한 시야를 확보할 수 있게 되죠.

선글라스 렌즈의 색깔은 자외선 차단 효과와는 직접적인 관계가 없어요. **렌즈 색깔**은 가시광선의 특정 파장을 얼마나 흡수하는지에 따라 결정된답니다. 예를 들어 갈색이나 회색 렌즈는 모든 가시광선 파장을 비교적 고르게 흡수하여 자연스러운 색감을 유지하면서도 눈부심을 줄여 주는 효과가 커서 가장 보편적으로 사용돼요.

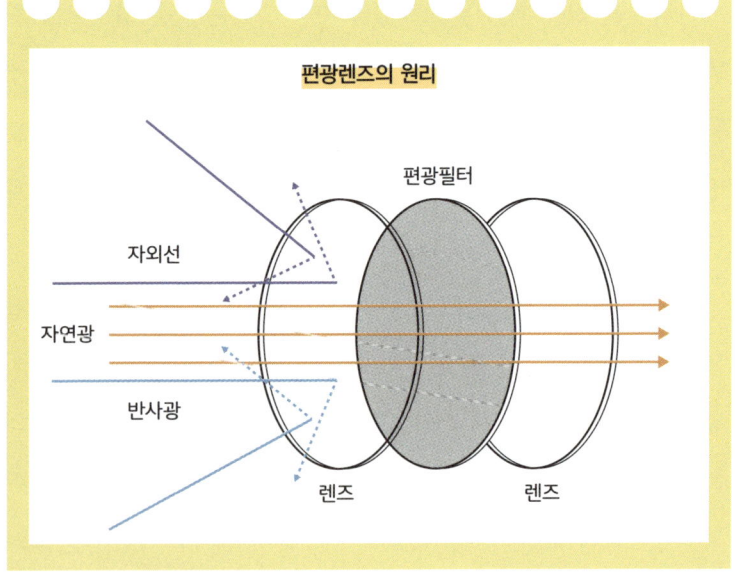

따라서 선글라스를 고를 때는 렌즈 색깔보다는 UV 차단율을 확인하는 게 중요해요. 제품에 UV400 또는 100% UV Protection 문구가 있다면, 이는 파장 400nm 이하의 자외선을 100% 차단해 준다는 뜻입니다.

태양 아래, 소중한 피부를 지켜라!

선글라스가 눈을 보호한다면, 자외선 차단제(선크림)는 햇빛으로부터 우리의 피부를 보호해 주는 가장 든든한 방패랍니다. 자외선 차단제는 크게 유기 자외선 차단제(화학적 차단제)와 무기 자외선 차단제(물리적 차단제)로 구분할 수 있어요.

유기 자외선 차단제에는 옥시벤존, 아보벤존, 옥티녹세이트 등 다양한 유기 화합물이 포함되어 있어요. 이 물질들은 자외선 흡수에 적합한 구조(카보닐기, 이중결합 등)로 되어 있어서 피부에 해로운 자외선을 효과적으로 흡수할 수 있습니다.

자외선을 흡수하면 분자 안의 전자가 더 높은 에너지 상태(들뜬 상태)로 올라갔다가 다시 안정된 상태로 돌아오면서 흡수한 에너지를 열의 형태로 방출하게 돼요. 이 과정을 통해 자외선이 피부에 미치는 해로운 영향을 줄일 수 있습니다.

이러한 화학적 차단제는 피부에 투명하게 발려서 사용감이 좋다는 장점이 있어요. 하지만 민감성 피부의 경우 간혹 알레르기 반응을 일으키기도 해요. 그리고 해양 환경에 악영향을 줄 수 있다는 논란도 있습니다.

무기 자외선 차단제라고도 불리는 물리적 자외선 차단제는 피부에 얇은 막을 형성하여 자외선을 반사하거나 산란시켜 피부 깊숙이 흡수되지 못하게 막아 줘요. 주로 징크옥사이드(ZnO)와 티타늄디옥사이드(TiO_2)와 같은 무기 화합물로 만들어져요. 피부에 거의 흡수되지 않고 표면에서 작용하기 때문에 자극이 적고 안전성이 높아 민감성 피부나 유아용 제품에 널리 사용돼요.

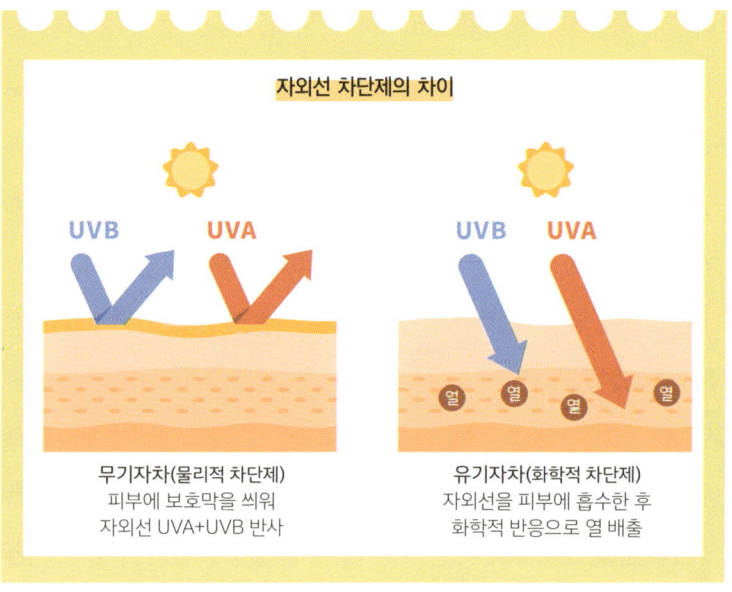

자외선 차단제의 차이

무기자차(물리적 차단제)
피부에 보호막을 씌워
자외선 UVA+UVB 반사

유기자차(화학적 차단제)
자외선을 피부에 흡수한 후
화학적 반응으로 열 배출

이번에는 자외선 차단제의 효과를 나타내는 지표인 SPF(Sun Protection Factor)와 PA(Protection Grade of UVA)에 대해서도 알아볼까요?

SPF는 주로 UVB 차단 효과를 나타내는 지수예요. 숫자가 높을수록 UVB 차단 효과가 커서 일광 화상으로부터 피부를 더 오랫동안 보호해 줍니다.

예를 들어 SPF 30은 자외선 차단제를 바르지 않았을 때보다 30배 더 많은 UVB를 받아야 피부가 붉어진다는 뜻이에요. 쉽게 말해, 평소 자외선에 10분 정도 노출되면 피부가 빨개지는 사람이 SPF 30을 바르면 약 300분(10분×30배) 동안 피부가 빨개지지 않고 버틸 수 있다는 의미랍니다. 물론 이는 단순 계산이고, 땀이나 물놀이 등으로 인해 지워질 수 있으니 2~3시간마다 덧발라 주는 것이 중요해요.

그리고 PA는 주로 UVA 차단 효과를 나타내는 지수예요. PA+, PA++, PA+++, PA++++ 등으로 표시되며, +가 많을수록 UVA 차단 효과가 높아요. UVA는 피부 노화, 기미, 주근깨 등을 유발할 수 있으므로 야외 활동이 잦거나 햇볕이 강한 날에는 PA+++ 이상 제품을 선택하는 것이 좋답니다.

그렇지만 자외선이 해롭기만 한 건 아니에요. 햇빛 중에서도 특히 UVB는 우리 몸에 꼭 필요한 비타민 D를 합성해 주죠. 그래서 전문가들은 하루 15~30분 정도 햇볕을 쬐는 것을 권장합니다. 단, 자외선 지수가 가장 높은 정오 시간은 피하고, 아침이나 늦은 오후에 짧게 쬐는 것이 좋아요. 너무 과한 노출은 피부나 눈 건강에 해로울 수 있으니, 적절한 균형을 유지하는 것이 중요해요.

햇빛은 우리에게 에너지를 주고 생명을 유지하게 해 주는 소중한 존재지만, 동시에 자외선이라는 보이지 않는 위험도 함께 품고 있어요. 그래서 우리는 자연의 힘을 과학적으로 이해하고, 올바르게 대처하는 지혜가 필요합니다.

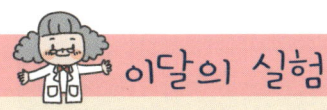 이달의 실험

태양을 피하고 싶어! 자외선 차단제 만들기!

준비물 시어버터 30g, 코코넛 오일 30g, 산화아연(ZnO) 파우더 5g, 옥수수 전
분 3g, 크림용기, 계량스푼, 작은 볼과 주걱, 마스크와 장갑
※준비물은 온라인몰이나 천연 화장품 재료 전문몰에서 구입할 수 있어요.

실험방법
❶ 작은 볼에 시어버터와 코코넛 오일을 넣고 전자레인지에 약 20초 정도 돌려서
완전히 녹여 주세요.
❷ 녹인 혼합물에 옥수수 전분을 넣고 잘 저어 주세요.
❸ 마스크와 장갑을 착용한 후, 산화아연 파우더를 천천히 넣으면서 뭉치지 않게
골고루 섞어 주세요.
❹ 고운 크림처럼 잘 섞이면 크림용기에 옮겨 담고, 뚜껑을 닫아 서늘한 곳에 보관
하세요.
❺ 팔이나 손등에 살짝 발라 보고, 피부에 잘 흡수되는지 확인해 보세요.

화학 이야기
산화아연은 피부 표면에 흰색 막을 만들어 자외선을 튕겨 내는 역할을 해요. 특히,
UVA와 UVB를 모두 차단할 수 있어서 널리 사용되고 있답니다. 이 실험에서는 기
름 성분인 시어버터와 코코넛 오일이 피부를 촉촉하게 만들어 주는 동시에, 산화아
연이 자외선을 막아 주는 보호막이 되어 주는 거예요.

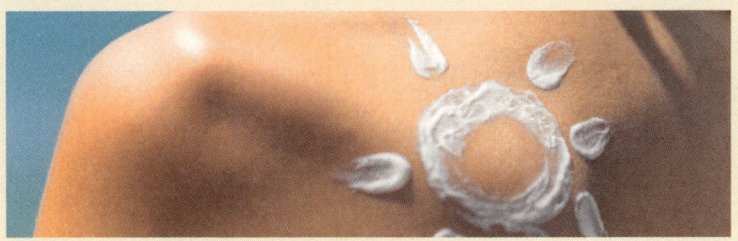

91

8월

투명함을 깃들이다
수돗물과 수영장에 숨겨진 화학의 쓸모

더운 여름, 물 한 잔의 시원함 속에도
화학이 숨어 있습니다.
정수와 살균, 깨끗한 물의 과학을 들여다볼까요?

찌는 듯한 더위가 여전히 기승을 부리고 있네요. 시원한 수영장으로 달려가 풍덩 뛰어들거나, 계곡에 발을 담그며 더위를 식히는 상상이 절로 떠오르지 않나요?

그런데 수도꼭지를 틀면 언제나 깨끗한 물이 콸콸 나오고, 우리 집 욕조 물은 한 번만 써도 금세 더러워지는데, 많은 사람이 드나드는 수영장 물은 어떻게 늘 그렇게 깨끗할 수 있을까요?

그것은 눈에 보이지 않는 미세한 오염 물질을 제거하고 물의 성질을 적절히 조절해 주는 화학 처리 과정 덕분이랍니다.

한 컵의 물속에도 화학이 흐른다

우리가 사용하는 수돗물은 강물이나 댐에 저장된 물을 그대로 사용하는 것이 아니랍니다. 우리 눈에는 깨끗해 보여도 강물 속에는 미생물, 흙탕물, 각종 오염 물질들이 섞여 있기 때문이죠. 그래서 수돗물은 우리에게 안전하게 공급되기까지 여러 단계의 복잡한 정수 과정을 거쳐야 해요. 이것을 **물의 정화 과정**이라고 해요. 이제 그 과정을 단계별로 살펴볼까요?

 • 1단계; 응집과 침전
물속에는 눈에 보이지 않는 아주 작은 미세한 불순물들이 떠다니는데, 이들은 너무 작아서 스스로 가라앉지 않아요. 이때 등장하는 것이 황산알루미늄이나 염화철 같은 **응집제**(coagulant)라는 화학 물질이랍니다.

응집제들이 물속에 녹으면 알루미늄 이온(Al^{3+})이나 철 이온(Fe^{3+})이 생성되는데, 이 이온들은 물속의 미세한 흙 알갱이들이 가지고 있는 음전하를 중화시켜 줘요. 그 결과 흙 알갱이들은 서로 뭉쳐서 더 큰 덩어리(플록, floc)를 형성한답니다. 플록은 크고 무거워져서 아래로 쉽게 가라앉게 된답니다. 이를 **응집-침전 과정**이라고 해요.

 • 2단계; 여과
응집-침전 과정을 거쳐도 가라앉지 않은 아주 미세한 불순물들은 **여과 과정**을 통해 제거해요. 여과층은 보통 여러 겹의 모래

수돗물은 우리에게 안전하게 공급되기까지 복잡한 정수 과정을 거쳐요.

와 자갈로 이루어져 있어요. 물이 모래와 자갈 사이를 천천히 통과하면서 남아 있는 작은 입자들이 걸러지게 됩니다.

• 3단계; 소독

마지막으로 남아 있을지도 모르는 병원성 미생물을 제거해야 해요. 이때 **소독**(disinfection)이라는 화학적 과정이 필요합니다.

가장 일반적으로 사용되는 소독제는 **염소**(Cl_2)예요. 염소는 물에 녹으면 차아염소산($HClO$)이나 차아염소산 이온(ClO^-)과 같은 강력한 살균 물질을 만들어요. 이 물질들은 미생물의 세포막을 파괴하거나 세포 내의 효소 활동을 방해해서 미생물을 죽이는 강력한 살균력을 가지고 있지요.

염소 소독은 가격이 저렴하고 **살균 효과**가 뛰어나며, 소독된 물

물의 정화과정

착수정 ▷
취수장에서 들어오는
물의 양을 조절하고
물의 흐름을 안정화

**혼화지/
응집지** ▷
약품(응집제)과
물속의 불순물이
잘 섞이도록 함

침전지 ▷
응집된 불순물은
침전지로, 맑은 물은
여과지로 보냄

정수장에서
건강한 물이
만들어져요!

여과지
미세한 잔류물을
자갈, 모래 등에 통과
시키면서 걸러냄

가정 공급
안전하고
깨끗한 물 공급

정수지
정수 처리된 물을
임시로 저장

소독
여과 처리된 물에
염료를 투입해
각종 세균 제거

이 배수관을 통해 각 가정으로 가는 동안에도 살균 효과를 유지할 수 있다는 장점이 있어요. 수돗물에서 약간 느껴지는 소독약 냄새는 바로 이 과정 때문입니다. 염소 외에도 오존(O_3), 자외선(UV) 등을 이용한 소독 방법도 사용합니다.

• 4단계; pH 조절

정수된 물은 때때로 pH(수소 이온 농도)가 너무 낮거나 높을 수 있어요. pH는 **물의 산성도**를 나타내는 척도인데, 적절한 pH를 유지하는 것이 수도관의 부식을 방지하고 물맛을 좋게 하며, 염소 소독 효과를 최적화하는 데 중요해요. 물의 pH를 조절하기 위해 수산화칼슘($Ca(OH)_2$)이나 탄산나트륨(Na_2CO_3)과 같은 화학 물질을 소량 첨가합니다. pH는 7이 중성이고, 7보다 낮으면 산성, 높으면 염기성인데, 보통 수돗물은 약 6.5~8.5 정도의 중성에서 약알칼리성으로 조절돼요.

• 5단계; 공급

모든 정화 과정을 거쳐 깨끗해진 물은 이제 펌프를 이용해 높은 곳에 있는 배수지(물탱크)로 보내지고, 배수지에 저장된 물은 파이프를 통해 우리 집으로 공급됩니다.

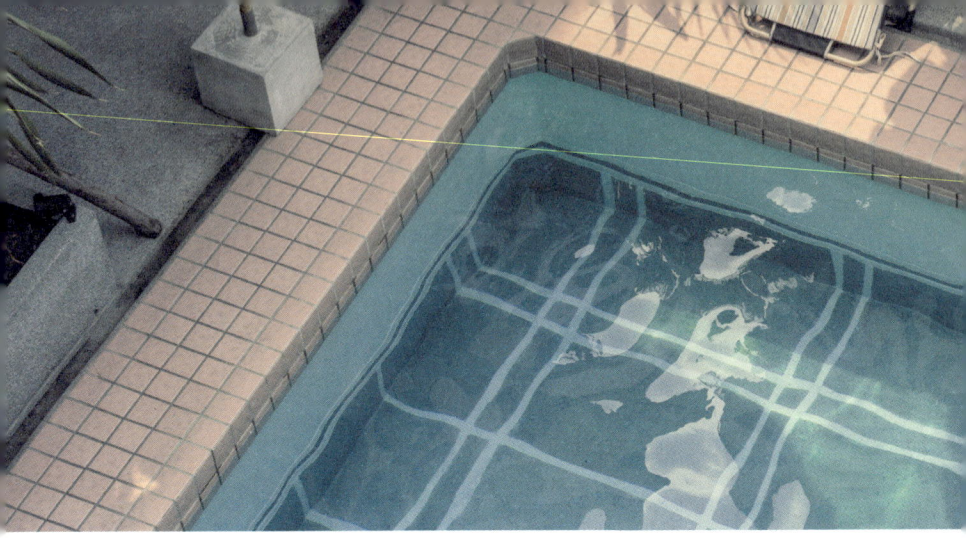

수영장 물에는 화학이 산다!

수영장 물은 많은 사람들이 함께 사용하기 때문에 각종 세균이
나 바이러스가 번식하기 쉽고, 사람의 땀이나 화장품 등 오염 물
질이 계속 유입돼요. 그래서 필터링과 소독은 물론, pH 조절이라
는 아주 세심한 화학적 관리가 필요해요.

수영장 물의 pH는 보통 7.2에서 7.8 사이로 유지하는 것이 가장
좋아요. 왜 그럴까요?

첫째, 염소 소독 효과를 최적화하기 위해서예요. 수영장에서
가장 흔히 사용되는 소독제는 **차아염소산 나트륨**($NaClO$)[1]이고,
물에 녹으면 **차아염소산**($HClO$)과 **차아염소산 이온**(ClO^-)[2]으로 나
뉘어요.

❶ $NaClO + H_2O \rightarrow Na^+ + ClO^-$

❷ $ClO^- + H_2O \rightleftharpoons HClO + OH^-$

이 중 HClO이 훨씬 강력한 살균 작용을 하는데, 물의 pH가 너무 높아지면 HClO이 ClO^-로 변하면서 소독 효과가 줄어들어요. 물속 세균 번식 위험성이 커진다는 뜻이죠. 그래서 염소 소독제가 가장 효과적으로 세균을 잡을 수 있는 최적의 pH 범위를 유지해야 하는 거죠.

둘째, 우리의 눈과 피부를 보호하기 위해서예요. 사람의 눈물은 pH 7.4 정도의 **약한 중성**을, 피부는 pH 5.6 정도의 **약한 산성**을 유지하고 있어요. 수영장 물의 pH가 이와 비슷하면 눈이나 피부에 자극이 덜하고 편안함을 느낄 수 있답니다. 만약 수영장 물이 너무 산성이면 눈이 따갑고 피부가 건조해질 수 있고, 너무 염기성이면 피부가 미끈거리는 느낌이 들거나 가려움, 피부 트러블이 생길 수도 있어요.

셋째, 수영장 시설물을 보호하기 위해서예요. pH가 너무 낮아서 산성이 되면 수영장 타일이나 금속 배관이 부식될 수 있고, pH가 너무 높아서 염기성이 되면 물이 탁해지거나 칼슘 성분이 침전되어 배관이 막힐 수도 있답니다.

그래서 수영장에서는 **pH 조절제**를 사용해 pH를 7.2~7.8 정도로 유지하고 있어요. 이는 눈과 피부 모두에 비교적 안전한 범위랍니다. 그런데 수영장 물은 피부보다 알칼리성이 약간 높아서 장시간 노출되면 피부가 건조해질 수 있어요. 따라서 수영 후에는 깨끗한 물로 헹군 뒤 보습제를 바르는 것이 좋아요.

수영장 물의 pH가 너무 높거나 낮을 때는, 산성 또는 염기성 물질을 소량 첨가하여 pH를 조절해요. pH를 낮추기 위해는 황산(H_2SO_4)[1]이나 염산(HCl)[2] 같은 강산을 아주 소량 사용해요. 이 물질들은 물에 녹으면서 수소 이온(H^+)을 방출해 물의 산성도를 높이고, pH를 낮추는 역할을 해요.

[1] $H_2SO_4 + H_2O \rightarrow 2H^+ + SO_4^{2-}$

[2] $HCl + H_2O \rightarrow H^+ + Cl^-$

수영장 물의 pH는
7.2~7.8 사이로
유지하는 것이 좋아요.

반대로 pH를 높이기 위해는 탄산나트륨(Na_2CO_3)[1]이나 탄산수소나트륨($NaHCO_3$)[2] 같은 염기성 물질을 넣어요. 특히 $NaHCO_3$은 물속의 수소 이온(H^+)과 반응해 중화되거나, 수산화 이온(OH^-)을 생성해 물의 염기성을 높이는 작용을 해요. 결국 pH를 올려 주는 것이죠.

[1] $Na_2CO_3 + H_2O \rightarrow 2Na^+ + CO_3^{2-}$

$CO_3^{2-} + H_2O \rightleftharpoons HCO_3^- + OH^-$

[2] $NaHCO_3 + H_2O \rightarrow Na^+ + HCO_3^-$

$HCO_3^- + H^+ \rightarrow H_2CO_3 \rightarrow CO_2\uparrow + H_2O$

$HCO_3^- + H_2O \rightleftharpoons H_2CO_3 + OH^-$

수영장에서 나는 특유의 소독약 냄새는 순수한 염소 냄새라기보다는 염소가 사람의 땀, 소변, 피부에서 나온 질소 화합물(암모니아, 아민 등)과 반응하여 만들어진 **클로라민**(Chloramines)이라는 물질 때문인 경우가 많아요.

클로라민은 살균력이 약하고 눈이나 호흡기를 자극할 수 있어요. 그래서 수영장 물을 깨끗하게 유지하기 위해서는 클로라민의 농도를 낮추는 것이 중요해요. 주기적인 물 교체나 추가적인 염소 투입, 또는 활성탄 여과 등으로 클로라민을 제거할 수 있답니다.

결국 우리가 매일 마시는 물과 수영장 물이 깨끗하고 안전하게 유지되는 것은 모두 정교한 화학 반응의 결과랍니다.

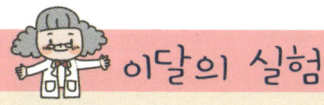 이달의 실험

페트병을 활용한 간이 정수기 만들기!

준비물   빈 페트병(500ml~1L) 1개, 거름용 거즈, 자갈 200g, 모래 200g, 활성탄(숯가루) 50g, 가위, 고무줄
※활성탄은 온라인몰이나 화훼용품점에서 구할 수 있어요.

실험방법

굵은 자갈
모래
활성탄
모래
작은 자갈
거즈

❶ 페트병을 반으로 잘라 주세요. 입구는 거꾸로 세워 깔때기로 사용할 거예요.

❷ 입구 부분에 거름용 거즈를 대고 고무줄로 단단히 고정해 주세요.

❸ 거름망-자갈-모래-활성탄-모래-자갈 순으로 페트병을 채워 주세요.

❹ 사용하지 않고 남은 절반의 페트병 위에 만들어 놓은 간이 정수기를 세우고 더러운 물을 부어 봐요.

❺ 물이 통과하면서 점점 맑아지는 것이 보일 거예요. 단, 미리 두세 번의 맑은 물을 흘려보내서 자갈이나 모래, 활성탄의 검은 물을 빼주는 것도 좋아요.

화학 이야기

우리가 마시는 물도 이와 비슷한 원리로 정화돼요. 자갈과 모래는 크고 작은 부유물들을 걸러 내고, 활성탄은 표면에 수많은 미세 구멍이 있어 냄새나 색소, 유기 화합물 등을 흡착합니다. 이렇게 층을 나눠서 물을 걸러 주는 과정을 여과라 하는데, 실제 정수장에서도 쓰이고 있습니다. 단, 이 정수기는 물의 탁도와 냄새 정도만 개선해 줄 수 있기 때문에 절대 마시면 안 돼요! 완전한 정수를 위해서는 끓이거나 멸균 필터를 사용하는 과정이 더 필요합니다.

103

9월

보이지 않는 것을 읽다

공기와 하늘에 숨겨진 화학의 쓸모

맑은 하늘, 선선한 바람,
그리고 한 모금의 숨결까지!
대기 속에는 화학이 들려주는 수많은 이야기가 숨어 있습니다.

화창하고 눈부신 맑은 오후! 창밖을 내다보며 깊게 숨을 한 번 들여 마셔 볼까요? 그 순간 여러분의 폐 속으로 들어오는 공기는 단순한 바람일까요?

우리 주변을 둘러싸고 있는 공기에는 화학적 성질이 숨어 있어요. 공기는 질소, 산소 그리고 극소량의 이산화탄소와 수증기라는 재료를 하늘의 레시피대로 절묘하게 섞어 만든 물질이랍니다.

보이지 않는 과학, 대기 속 분자 이야기

지구를 둘러싸고 있는 공기를 우리는 대기라고 불러요. 대기는 단 하나의 기체로 이루어진 게 아니라, 여러 가지 기체들이 섞여 있는 혼합물입니다.

대기는 질소(N₂) 약 78%, 산소(O₂) 약 21%로 구성되어 있어요. 나머지는 아주 적은 양의 아르곤(Ar), 이산화탄소(CO₂), 그리고 날씨 변화에 큰 영향을 주는 수증기(H₂O) 등이 들어 있지요.

각 기체는 서로 다른 화학적 성질을 가지고 있어서 우리 삶에 큰 영향을 미친답니다. 산소는 세포 속에서 영양소를 에너지로 바꾸는 호흡 작용에 꼭 필요해요. 그리고 이산화탄소는 식물이 광합성을 할 때 쓰이는 필수적인 원료인데, 동시에 온실 기체로써 지구의 평균 기온을 일정하게 유지해 주는 역할도 하지요.

하지만 이산화탄소의 농도가 지나치게 높아지면 지구의 온도가 점점 올라가는 지구온난화의 원인이 되기도 해요. 그래서 기체 하나하나가 하는 역할을 잘 이해하고, 균형 있게 유지하는 것이 중요해요.

공기는 눈에 보이지 않지만, 물질이기 때문에 질량과 부피를 가지고 있어요. 그래서 지표면에는 공기 자체의 무게로 인한 압력, 즉 기압이 작용해요. 해수면에서 우리가 느끼는 평균 기압은 약 1,013헥토파스칼(hPa) 또는 1기압(atm) 정도예요. 기압은 공기의 무게가 지표면을 누르는 힘이기 때문에 공기층이 얇아지는 높은 고도로 올라갈수록 점점 약해져요.

이런 기압의 변화는 우리 몸에도 큰 영향을 줘요. 왜냐고요? 기압은 생물학적 시스템에도 중요한 역할을 하거든요.

헨리의 법칙에 따르면, 액체에 녹아 있는 기체의 양은 그 기체의 압력에 비례해요. 즉, 외부 기압이 낮아지면 혈액에 녹아 있을 수 있는 산소의 양이 줄어들게 되는 거예요.

예를 들어 높은 산을 오를 때, 숨이 가빠지는 이유도 높이 올라갈수록 기압이 낮아져 산소의 부분 압력이 줄어들기 때문이에요. 산소의 부분 압력이 낮아지면, 폐에서 혈액으로 넘어가는 산소의 양이 줄어들게 되고 그 결과 저산소증이 생길 수 있어요. 그래서 높은 곳에 갈 때는 천천히 적응하면서 올라가는 것이 중요해요.

평지에서도 날씨가 갑자기 바뀌거나 기압이 빠르게 떨어지면, 일부 민감한 사람들은 두통이나 피로감을 느낄 수 있어요. 물론 그 차이는 고산지대만큼 크지는 않지만, 우리 몸은 생각보다 기압 변화에 민감하게 반응할 수 있답니다.

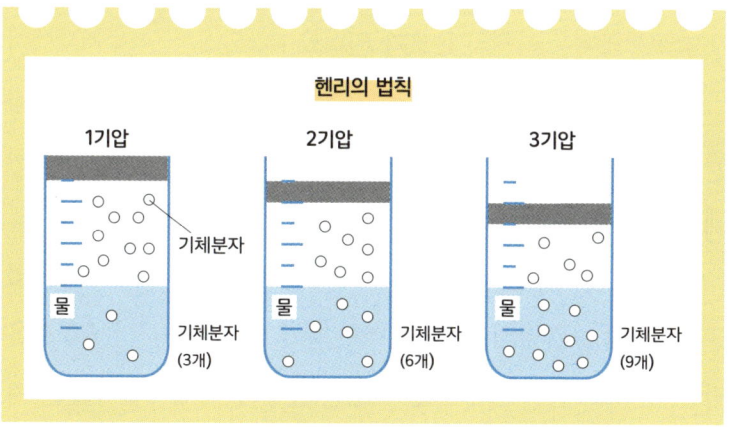

헨리의 법칙

1기압 2기압 3기압

기체분자

물 물 물

기체분자
(3개)

기체분자
(6개)

기체분자
(9개)

기체 법칙의 모든 것, 분자부터 방정식까지!

기체의 압력, 부피, 온도, 그리고 기체의 양 사이에는 아주 중요한 관계가 있어요. 이 관계를 설명해 주는 것이 바로 보일의 법칙, 샤를의 법칙, 그리고 아보가드로의 법칙이랍니다.

보일의 법칙은 기체의 온도가 일정할 때, 일정한 양의 기체에서 압력과 부피가 서로 반비례한다는 것을 의미해요. 즉, 기체의 압력이 증가하면 부피는 감소하고, 압력이 감소하면 부피는 증가하게 되는 거죠.

왜 이런 현상이 일어날까요? 기체는 수많은 분자로 이루어져 있고, 이 분자들은 끊임없이 움직이며 용기 벽에 충돌하면서 압력을 만들어 내요. 만약 기체가 들어 있는 공간의 부피가 줄어들면, 기

체 분자들이 움직일 수 있는 공간이 좁아지고 충돌 빈도가 증가해 압력이 증가하게 되는 거지요,

이 법칙은 일상생활에서도 쉽게 관찰할 수 있어요. 주사기의 피스톤을 누르면 내부 부피가 줄어들어 압력이 올라가고, 그 압력으로 약물이나 액체가 바늘을 통해 밖으로 나가게 되는 거랍니다. 반대로 피스톤을 당기게 되면, 내부 부피가 늘어나서 압력이 낮아지고, 외부 액체가 안으로 들어오게 되는 거죠.

샤를의 법칙은 기체의 압력이 일정할 때, 일정한 양의 기체에서 온도와 부피는 정비례한다는 것을 의미해요. 이에 따라 기체는 온도가 올라가면 부피가 증가하고, 온도가 내려가면 부피가 감소합니다.

왜냐고요? 온도가 높아지면 분자들이 더 빠르게 움직이게 되고 벽에 더 자주 강하게 충돌하게 돼요. 이때 압력을 일정하게 유지하려면 분자들이 더 넓은 공간으로 퍼져야 하므로 부피가 증가하게 되는 것이지요.

예를 들어 열기구는 내부 공기를 가열해 기체의 부피를 늘려 줘요. 질량은 변하지 않지만, 부피의 증가로 인해 공기의 밀도가 낮아져 공중으로 뜨게 된답니다.

아보가드로의 법칙은 온도와 압력이 일정할 때, 기체의 부피는 그 속에 들어 있는 분자의 수, 즉 몰 수(n)에 비례한다는 것을 의미해요. 여기서 몰 수란 기체 분자의 실제 수가 아니라, 아보가드로 수(6.02×10^{23}개)를 기준으로 묶은 단위예요. 1몰은 6.02×10^{23}개의 분자를 의미한답니다. 다시 말해, 기체의 종류에 상관없이 같은 온도와 압력에서 같은 수의 분자(같은 몰 수)를 가지면 부피도 같습니다.

예를 들어 표준 상태(STP: 0°C, 1기압)에서 모든 기체 1몰은 약 22.4리터(L)의 부피를 차지해요. 이는 산소, 수소, 이산화탄소 등 어떤 기체든 몰 수만 같으면 부피도 같다는 뜻이지요. 이 법칙 덕분에 과학자들은 기체의 화학 반응에서 기체의 부피를 통해 분자의 수를 쉽게 예측할 수 있게 되었습니다.

이 세 가지 법칙을 하나로 합치면 새로운 법칙이 탄생합니다. 바로 **이상기체 상태 방정식**(PV=nRT)입니다. 이 방정식은 기체의 압력(P), 부피(V), 몰 수(n), 기체상수(R), 그리고 절대온도(T) 사이의 관계를 나타내고, 이를 활용하면 다양한 조건에서 기체가 어떻게 변하는지 계산할 수도 있어요.

예를 들어, 해수면(1atm, 293K)에서 부피가 1L인 풍선이 고도 3,000m(약 0.7atm, 273K)까지 올라간다면, 이상기체 방정식을 적용했을 때, 이론적으로 부피는 약 1.33L로 팽창하게 돼요. 물론 실제 풍선은 재질의 탄성, 주변 환경 등의 영향을 받기 때문에 이 계산은 어디까지나 이론적인 추정이랍니다.

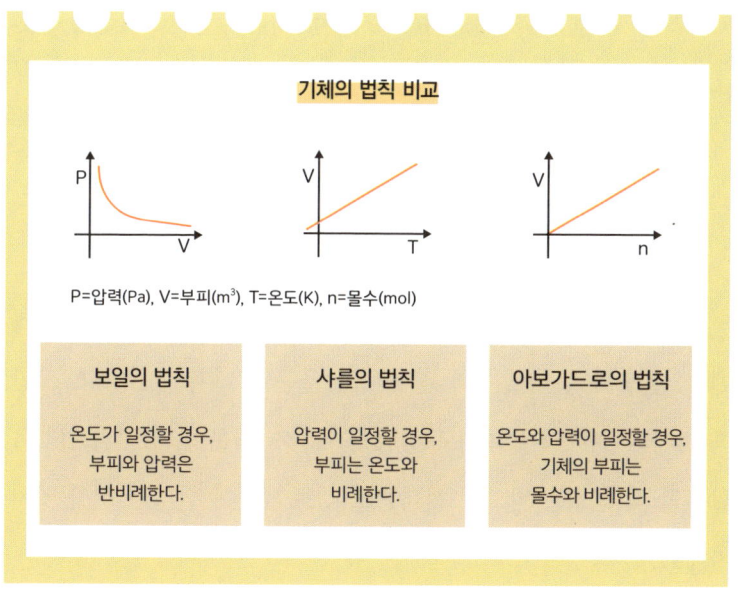

기체의 법칙 비교

P=압력(Pa), V=부피(m³), T=온도(K), n=몰수(mol)

보일의 법칙	샤를의 법칙	아보가드로의 법칙
온도가 일정할 경우, 부피와 압력은 반비례한다.	압력이 일정할 경우, 부피는 온도와 비례한다.	온도와 압력이 일정할 경우, 기체의 부피는 몰수와 비례한다.

항공기의 창문 모양이 둥근 이유도 압력 차와 관련이 있어요. 고도 10,000m에서는 외부 대기압이 약 0.2atm까지 떨어져요. 사람이 정상적으로 숨을 쉬기에는 너무 낮은 압력이기 때문에 항공기 내부는 약 0.8atm으로 유지되어야 한답니다. 결론적으로 기체 외벽에는 약 0.6atm의 압력 차가 생기게 됩니다. 이러한 압력 차는 기체 외벽에 큰 응력을 가하게 되므로 창문을 둥글게 설계하여 응력을 균등하게 분산시키는 것이 중요해요.

여기서 주의할 점이 있어요. 기체 법칙에서는 온도를 그냥 섭씨온도(℃)로 계산하면 안 되고, 반드시 **절대온도**(K, 켈빈)를 사용해야 합니다. 왜냐하면 기체 분자의 운동은 0℃에서도 멈추지 않고 계속되며, 이론상 완전히 멈추는 지점은 0K, 즉 절대영도이기 때문이에요.

절대온도는 섭씨온도에 273.15를 더하면 구할 수 있어요.

절대온도(K) = 섭씨온도(℃) + 273.15

실온인 25℃는 298.15K, 냉장고 안의 0℃는 273.15K가 되는 거예요. 온도가 높아질수록 분자들의 운동 에너지가 커지고, 그만큼 기체의 부피나 압력에도 영향을 미치기 때문에, 기체의 법칙을 활용할 때 온도는 반드시 절대온도(K)로 넣어야 한다는 것을 잊지 마세요.

기체가 그리는 하늘의 풍경

날씨와 관련된 기압 변화는 단순한 자연 현상이 아니라, 물리와 화학의 원리로 설명할 수 있어요.

먼저 **고기압**일 때는 대기 상층의 공기가 아래로 천천히 하강합니다. 공기가 하강하면 기압이 높아지고, 외부로 열을 주고받지 않는 상태에서 스스로 압축돼요. 이런 과정을 **단열 압축**이라고 해요. 단열이란 열의 출입 없이 공기 자체의 부피와 압력 변화만으로 온도가 변하는 걸 말한답니다.

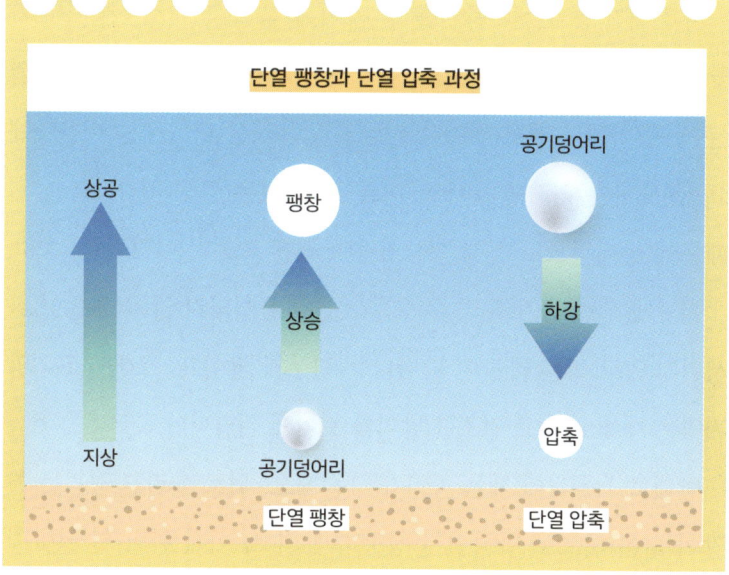

　공기가 압축되면 부피는 줄어들고, 공기 분자들이 더 자주 충돌하게 되어 평균 운동 에너지가 증가하면서 온도도 높아지게 돼요.

　따뜻해진 공기는 수증기를 더 많이 품을 수 있어서 상대습도가 낮아져요. **상대습도**란 공기가 수증기를 최대한으로 머금을 수 있는 양에 비해 실제로 얼마나 머금고 있는지를 나타내는 비율이에요. 온도가 올라가면 최대한 머금을 수 있는 양 자체가 늘어나기 때문에 상대적으로 실제 수증기량이 적게 느껴지는 거죠.

　이렇게 되면 공기 중의 수증기가 쉽게 응결되지 않아 구름이 잘 생기지 않고 맑은 하늘이 나타나는 경우가 많아요. 그래서 고기압 지역은 대체로 맑고 건조한 날씨를 보이게 된답니다.

　반대로 **저기압**일 때는 공기가 상승해요. 위로 올라간 공기는 기압이 낮은 곳으로 향하면서 팽창하게 되고, 이때 단열 팽창이 일

어나요. 팽창하는 동안 공기의 부피는 늘어나고, 분자 간 충돌은 줄어들어 온도가 낮아지게 돼요.

차가워진 공기는 더 이상 많은 수증기를 품을 수 없어서 공기 중에 있던 수증기들이 작은 물방울로 변하며 응결하게 돼요. 이때 나오는 열을 응결열이라고 해요. 응결열은 주변 공기를 다시 덥히면서 상승 기류를 더 강하게 만들고, 그 결과 구름이 발달하고 비가 내릴 가능성도 커지게 되는 것이지요.

이처럼 저기압 지역은 흐리고 비 오는 날씨가 많고, 고기압 지역은 맑고 건조한 날이 많은 이유는 이러한 기체의 물리 화학적 성질 때문이에요.

날씨는 단순히 하늘에 떠다니는 구름만으로 이야기할 수 없어요. 공기의 흐름, 압력과 온도, 수증기의 상태 변화, 분자의 운동까지! 모두가 서로 영향을 주고받으며 우리가 아침에 어떤 하늘을 보게 될지를 결정해 준답니다.

가을 하늘이 높고 맑아 보이는 이유는 대기 중 수증기량이 줄고, 미세먼지나 오염 물질이 아래로 가라앉아 공기가 더 투명해졌기 때문이에요. 이처럼 우리 주변의 모든 현상은 분자 하나하나의 움직임과 보이지 않는 화학 반응들로 설명할 수 있어요. 화학은 교과서 속의 공식에서만 볼 수 있는 게 아니에요. 우리가 숨 쉬는 공기, 바라보는 하늘 속에도 화학은 숨어 있습니다.

	고기압	저기압
공기의 움직임	공기가 위에서 아래로 (하강 기류)	공기가 아래에서 위로 (상승 기류)
압력과 부피의 변화	하강하며 압력이 높아져 공기가 수축	상승하며 압력이 낮아져 공기가 팽창
온도 변화	단열 압축으로 온도 상승	단열 팽창으로 온도 하강
습도, 구름의 생성	따뜻해지면서 상대습도 감소, 구름과 비 형성 어려움	온도가 낮아지면서 상대습도 증가, 수증기 응결하여 구름과 비 발생
날씨 특징	맑고 건조한 날씨, 바람 약함, 대체로 안정적	흐리고 비, 눈, 폭풍, 강풍 등 불안정한 날씨

고기압과 저기압 비교

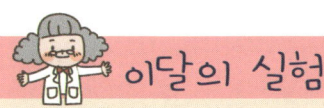

뜨거운 기체는 위로! 간이 열기구 만들기!

준비물 비닐봉지, 휴대용 가스레인지, 열기구 안전망, 가는철사, 니퍼, 안전 장갑
(내열장갑), 테이프, 가위
※열기구 안전망과 안전 장갑은 온라인몰에서 구할 수 있어요.

실험방법

❶ 비닐봉지를 길게 펴고, 입구의 둘레에 가는 철사를 둘러 테이프로 붙여 주세요.

❷ 휴대용 가스레인지 위에 열기구 안정망을 올려 주세요.

❸ ❶에서 만든 간이 열기구를 안전망 위에 수직으로 세우고, 넘어지지 않게 위에
서 잡아 주세요.

❹ 휴대용 가스레인지의 불을 켜고, 간이 열기구 속 공기를 가열해 주세요.

❺ 봉지가 서서히 부풀어 오르면 잡고 있던 간이 열기구를 놓아 보세요.
※휴대용 가스레인지와 열기구 안전망이 없다면, ❷~❹의 과정을 드라이기로 대체해
도 좋습니다!

화학 이야기

샤를의 법칙에 따르면, 기체 분자들은 온도가 높아질수록 빠르게 움직이고, 더 넓
은 공간을 차지하려고 해요. 휴대용 가스레인지나 드라이기로 비닐봉지 안의 공기
를 데우면, 공기의 질량은 변하지 않지만, 부피가 증가해서 주변보다 밀도가 낮아지
게 된답니다. 그 결과 위로 떠오르게 되는 거죠. 이게 바로 열기구의 원리예요! 실제
열기구, 상승기류, 날씨 형성의 기초 원리와도 이어질 수 있겠죠?

10월

울긋불긋 색을 걸치다

단풍과 천연염색 속에 숨겨진 화학의 쓸모

우리가 입는 옷 한 벌에도 과학이 숨어 있답니다.
섬유와 색, 화학이 만들어 낸
또 하나의 예술을 만나 보세요.

선선한 바람이 살랑살랑 불어오고 울긋불긋 단풍잎이 세상을 아름답게 물들이는 10월! 단풍잎들을 보고 있으면 마치 자연이 화가가 되어 스스로 화려한 그림을 그려 놓은 것 같아요.

알록달록한 단풍의 색깔 변화 속에 자연의 지혜와 화학의 신비로움이 숨어 있다는 것을 알고 있나요? 그리고 이 아름다운 자연의 색으로 옷감을 물들일 수 있다면요? 지금부터 자연이 들려주는 단풍과 천연 염색에 숨겨진 흥미로운 화학 이야기 속으로 함께 떠나 봐요.

단풍이 알려 주는 삶의 지혜

나무에서 나뭇잎이 푸르게 보이는 것은 **엽록소**(chlorophyll)라는 녹색 색소 때문이에요. 엽록소는 흡수한 태양에너지와 물, 이

가을이 되면 엽록소가 활발하게 만들어지지 않아 나뭇잎의 초록색이 점점 사라집니다.

산화탄소를 활용해서 식물의 생장에 필요한 영양분인 포도당을 만드는 **광합성**이라는 중요한 화학 반응을 일으키는 역할을 해요. 여름에는 나뭇잎에 엽록소가 풍부하게 존재하기 때문에 광합성이 활발하게 이루어지면서 잎이 더 푸르게 보이는 거랍니다.

하지만 가을이 되어 기온이 점점 낮아지고 낮의 길이가 짧아지면 나무는 겨울을 보낼 준비를 해야 하기에 더 이상 엽록소를 여름처럼 활발하게 만들어 내지 않아요.

엽록소 분자는 시간이 지나면서 햇빛의 에너지와 엽록소를 분해하는 효소인 **클로로필라제**(chlorophyllase)의 작용을 받아 점차 분해되기 시작합니다.

이 과정에서 엽록소 분자의 포르피린 고리 구조가 불안정해지고, 중심에 있던 마그네슘

엽록소

↓

페오피틴

↓

페오포비딘

↓

무색 분해 산물

엽록소 분해 과정

이온(Mg^{2+})이 빠져나가면서 엽록소 a와 b는 페오피틴(pheophytin)으로 바뀝니다. 이어서 효소의 작용과 산화반응이 계속되면, 페오포비딘(pheophorbide)이나 피롤 화합물을 거쳐 최종적으로는 무색의 피오페오비틴 분해 산물로 분해돼요.

또한 햇빛에 의해 활성화된 **산소 라디칼**(reactive oxygen species, ROS)이 엽록소 분자의 이중결합을 공격하면서 분해 속도를 더욱 빠르게 하지요.

이 때문에 잎 속의 초록색은 점점 사라지고, 그동안 엽록소에 가려 보이지 않던 다른 색소들이 모습을 드러내기 시작해요. 노란색과 주황색을 나타내는 **카로티노이드**(carotenoid)라는 색소예요. 이 색소도 엽록소와 마찬가지로 여름부터 나뭇잎 속에 존재했었답니다. 하지만 워낙 초록색이 강렬해서! 우리 눈에는 잘 띄지 않았을 뿐이죠.

반면, 붉은색을 나타내는 **안토시아닌**(anthocyanin)이라는 색소는 가을이 되면서 새롭게 만들어져요. 낮은 기온과 강한 햇빛, 잎 속에 남아 있는 당 성분 등이 복합적으로 화학 반응을 일으켜 안토시아닌이 활발하게 합성된답니다. 그리고 잎의 산성도(pH)에 따라 안토시아닌은 붉은색뿐만 아니라 보라색, 나아가 푸른색까지 다양한 색깔을 나타낼 수 있다고 해요.

천연염색의 숨은 과학

단풍의 아름다운 색들을 옷감에 옮길 방법은 없을까요? 아쉽게도 단풍잎 자체로는 염색이 잘 안 된다고 해요. 하지만 우리는 오래전부터 주변에서 쉽게 구할 수 있는 식물의 잎, 줄기, 뿌리, 열매 심지어는 흙이나 광물까지 활용해서 옷감이나 실을 아름답게 물들였답니다. 자연의 색을 그대로 옮겨 담은 천연 염색을 해 왔던 거죠.

쑥이나 감, 양파 껍질, 황토 등 다양한 천연 재료들은 고유한 색과 효능을 가지고 있어서 옷감을 물들이는 것을 넘어, 피부를 보호하거나 해충을 쫓는 효과까지 있었다고 해요.

특히 **황토**는 단순한 흙이 아니라 여러 가지 성분이 섞여 있어요. 그 안에는 규산, 산화알루미늄(Al_2O_3), 석회 성분과 함께 산화철(Fe_2O_3)이 들어 있는데, 철 성분은 세균이 자라는 것을 막는 항균 작용을 해요. 또 황토의 입자는 아주 작고 층을 이루는 구조라서 표면적이 넓고 작은 구멍이 많아요. 그래서 공기 중의 습기나 냄새를 잘 흡착하고, 입자끼리 달라붙는 힘도 커서 벽돌이나 흙집을 단단하게 만들어 준답니다.

푸른색을 대표하는 쪽 염색은 쪽 잎 속에 들어 있는 **인디고**라는 푸른색 색소 분자 덕분입니다. 쪽 잎을 잘게 썰어 물에 담가 발효시켜 얻은 인디고 용액에 옷감을 담갔다가 공기 중에서 산화시키면 옷감에 푸른색을 물들일 수 있는데, 예로부터 쪽빛은 귀함과 신성함을 상징했다고 해요. 그리고 노란색은 황토를 물에 풀어 흙탕물을 만들고, 이 물에 옷감을 여러 번 담갔다가 햇볕에 말리는 과정을 반복하면서 스며들게 한답니다. 때로는 황백 나무껍질이나 치자 열매를 활용하기도 해요.

이외에도 밤 껍질이나 쑥은 녹색이나 회색 계열, 감은 갈색 계열, 양파 껍질은 황색 계열을 얻을 수 있었어요. 특히, 꼭두서니 뿌리나 홍화 꽃잎에서 얻은 붉은색 계열은 액운을 막아 주는 의미를 지녔다고 해요. 이렇듯 자연에서 쉽게 구할 수 있는 재료들로 저마다 독특한 색깔을 표현하고, 옷을 아름답게 물들여 왔답니다.

이렇게 얻은 아름다운 색이 금세 바래진다면 너무 아쉽지 않을까요? 어떻게 하면 더 오랫동안 간직할 수 있을까요? 천연 염색은 자연 재료에 물을 넣고, 조물조물 주물러 우려낸 물로 단순히 색

황토, 쪽, 양파, 밤 등의 재료로 다양한 색을 표현할 수 있어요.

을 입히는 과정이 아니라, 염료 분자가 섬유에 딱 달라붙을 수 있게 **화학적 결합**을 유도해 색깔을 오랜 시간 유지하도록 하는 것이 중요해요.

이 과정에는 다양한 화학적 상호작용이 숨어 있습니다. 염료 분자와 섬유 분자 사이에는 양이온과 음이온 사이의 정전기적 인력으로 결합한 **이온 결합**, 강한 분자 간의 힘인 **수소 결합**, 다른 결합에 비해 약하지만, 여러 개가 모이면 강력한 힘을 발휘하는 **반데르발스 힘** 등 다양한 종류의 인력이 작용해 서로 단단하게 붙잡게 되는 거죠.

이때 사용하는 것이 **매염제**(mordant)라는 물질이에요. 우리 조상들은 다양한 천연 매염제를 사용해 왔는데 대표적인 것이 잿물이랍니다. 나무나 풀을 태워 얻은 재에는 **알칼리성 물질**이 포함되어 있고, 이 잿물이 섬유 표면을 변화시켜서 염료 분자가 잘 달라붙도록 도와줘요.

더불어 철이나 알루미늄 같은 금속 성분을 포함한 돌이나 흙을 우려낸 물을 매염제로 사용하기도 했어요. 금속 이온들은 섬유와 염료 분자 사이에서 다리 역할을 하며 결합력을 높여주면서 색깔이 잘 빠지지 않도록 도와줘요. 이 덕분에 우리는 더 선명한 옷을 입을 수 있고, 햇빛에 오래 노출되거나 세탁해도 색이 쉽게 바래지 않는 거랍니다.

옷의 색이 변하는 이유

시간이 지날수록 옷의 색이 변하는 이유는 무엇일까요? 바로 햇빛 속에 들어 있는 **자외선** 때문이랍니다. 자외선은 에너지가 매우 커서 옷에 들어 있는 염료 분자의 화학 결합을 끊거나 구조를 바꿔 버릴 수 있어요. 이렇게 되면 염료가 원래의 색을 내지 못하고 점점 옅어지거나 다른 색으로 변하게 되는데, 이를 **광분해** 또는 빛에 의한 **퇴색**이라고 부른답니다.

이 현상은 섬유의 종류에 따라 조금씩 다르게 나타나요. 면이나 모 같은 천연섬유는 염료가 주로 섬유의 표면에 머무르기 때문에 햇빛에 오래 노출되면 쉽게 색이 바래요. 하지만 폴리에스터나 나일론 같은 합성 섬유는 자외선에 의한 손상으로 섬유 자체가 누렇게 변하거나 약해지는 경우가 많아요.

그래서 합성 섬유를 만들 때는 햇빛으로부터 섬유와 염료를 보호하기 위해 자외선 흡수제, 광안정제, 항산화제 같은 물질을 함께 넣기도 한답니다. **자외선 흡수제**는 강한 자외선을 대신 받아 열로 바꿔 주고, **광안정제**는 자외선 때문에 생기는 해로운 분자를 없애며, **항산화제**

천연섬유는 햇빛에 노출되면
색이 바래기 쉽습니다.

는 산화를 늦추어 색이 쉽게 바래지 않도록 도와주지요.

염색 과정에서 시간과 온도, pH 등 다양한 조건들은 최종적으로 어떤 색을 나타내고, 얼마나 오래 유지되는지에 많은 영향을 미친답니다. 염료가 섬유 속의 작은 틈 사이로 침투하기 위해서는 충분한 시간과 적절한 온도가 유지되어야 하고, 염색 용액의 pH 농도에 따라 염료 분자의 구조가 변하거나 섬유와의 결합력이 강해지거나 약해질 수 있기에 pH 조절도 매우 중요한 요소라고 할 수 있어요.

천연 염색은 자연 재료를 활용한 단순한 색 입히기가 아니라 따사로운 햇살과 선선한 바람, 그리고 재료마다의 특성을 정확하게 알고 적용해 왔던 우리 조상들의 지혜가 닮긴 생활 속 화학 실험실이었어요. 오늘날 과학자들이 연구실에서 분자의 결합을 연구하듯, 조상들은 경험을 통해 화학의 원리를 생활 속에서 터득하고 실천했던 것이지요.

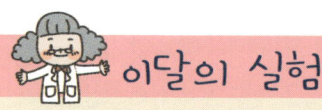

이달의 실험

섬유와 색의 만남! 자연으로 염색해요!

준비물 흰 천조각(면, 마 등 천연섬유 추천), 냄비, 물, 고무장갑, 집게, 소금 또는 식초(약한 매염 효과)

※색 재료(원하는 색을 낼 수 있는 재료를 선택해 보세요): 양파 껍질(갈색), 커피 가루·홍차 티백(갈색), 비트·블루베리 즙(붉은색, 보라색), 식용 색소 등

실험방법

❶ 양파 껍질이나 커피, 홍차는 냄비에 넣고 약 30분 정도 끓여 색이 우러나도록 한 뒤 식혀서 걸러요. 비트·블루베리 같은 즙은 그대로 쓰거나 살짝 희석해도 좋아요.

❷ 흰 천조각은 미리 세탁해서 준비해요.

❸ 색 재료로 만든 물에 천을 푹 담가요.

❹ 색이 잘 고정되게 하려면 소금이나 식초를 조금 넣고 같이 끓여 줘도 좋아요.

❺ 30분~1시간 정도 담가 두면서 가끔 저어 주세요.

❻ 원하는 색이 나오면 꺼내서 가볍게 헹군 뒤, 햇볕에 말려요.

화학 이야기

천이 물속의 색소를 흡수해 예쁜 색으로 물드는 모습을 직접 볼 수 있었죠? 색 재료에 따라 다양한 색이 나오고, 섬유마다 염색되는 정도도 달라요. 섬유에 색이 입혀지는 건 단순한 착색이 아니라, 염료 분자가 섬유와 화학적으로 상호작용을 하며 결합하는 과정이에요. 이걸 염색이라고 하죠. 천연염료는 합성염료처럼 오래가진 않지만, 그만큼 자연스럽고 따뜻한 느낌을 준답니다.

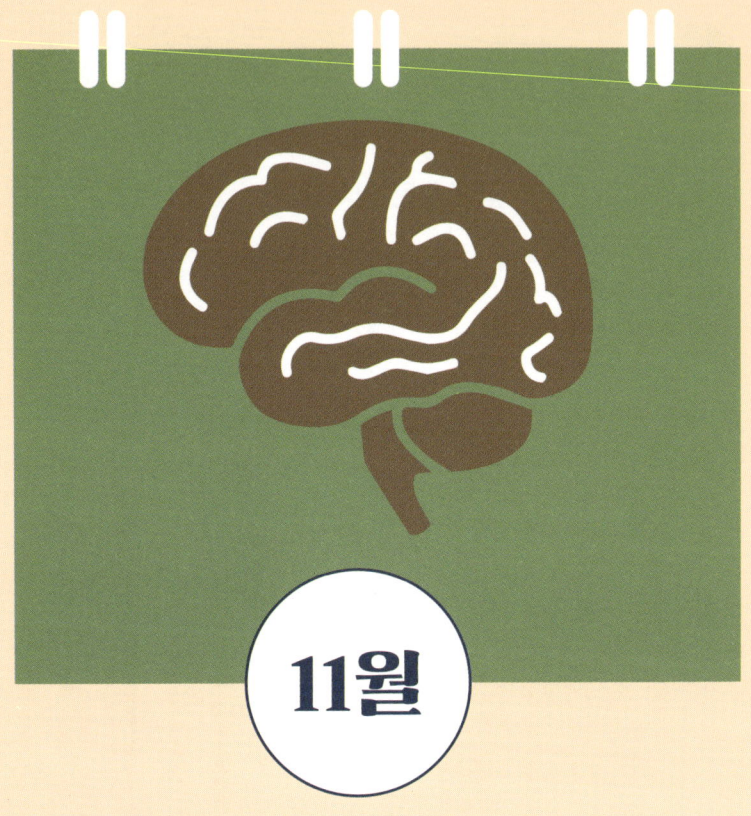

11월

똑똑한 뇌사용 설명서를 만들다

뇌의 활동에 숨겨진 화학의 쓸모

머리가 멈춘 것 같을 때도,
뇌 속 화학 반응은 쉼 없이 일어나고 있어요.
우리가 먹고 숨 쉬는 모든 순간,
뇌는 에너지를 만들어 내고 있답니다.

벌써 11월이라니! 고3 학생들에게는 인생에서 중요한 관문 중 하나인 수능 시험이 다가오고 있어요. 이 시기가 되면 '이제 체력 싸움이다!', '머리가 안 돌아가요!', '밤새, 공부해서 그런가? 왜 이렇게 피곤하죠?'라는 말을 자주 듣게 돼요.

이런 말들 속에는 단순한 피로와 긴장만 있는 게 아니에요. 바로 우리 뇌 속에서 실제로 벌어지는 놀라운 화학 반응들이 지금 이 순간에도 여러분의 삶에 영향을 주고 있기에 나타나는 현상이랍니다.

뇌가 사랑하는 에너지, 포도당의 힘

사람의 뇌는 정말 놀라운 기관이에요. 우리 몸무게의 약 2%밖에 되지 않지만, 전체 에너지 소비량의 약 20%를 차지하거든요.

이 순간에도 **신경세포**(뉴런)는 전기 신호를 주고받고, 시냅스에서는 신경 전달 물질이 분비되어 작용하는 등 끊임없는 활동이 이어지고 있어요.

뇌가 가장 좋아하는 에너지원은 **포도당**($C_6H_{12}O_6$)이에요. 우리가 먹는 쌀, 빵, 과자 같은 탄수화물은 소화 과정을 거쳐 포도당으로 분해되고, 혈액 속으로 흡수되어 혈당이 돼요. 포도당은 혈액을 따라 이동해서 뇌세포에 전달됩니다.

포도당이 혈액 속에 들어오면, 뇌세포는 이를 **혈뇌장벽**(Blood-Brain Barrier, BBB)이라는 특수한 보호막을 통해 받아들이게 돼요. 이 장벽은 유해 물질은 차단하고, 필요한 영양소만 선별해서 통과시켜요. 포도당도 바로 통과할 수 없어요. 특별한 수송 단백질(Glucose Transporter, GLUT)의 도움을 받아 이 장벽을 지나 뇌

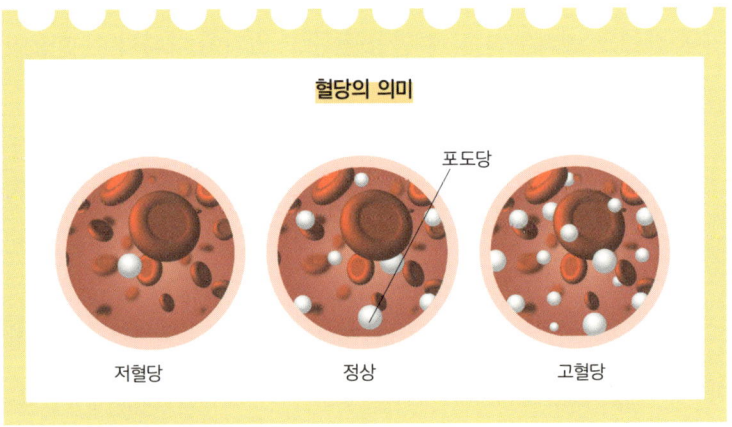

혈당의 의미

포도당

저혈당   정상   고혈당

세포 안으로 들어가게 된답니다.

여기서 중요한 건 **혈당**을 일정하게 유지하는 거예요. 뇌는 포도당 저장 능력이 매우 제한적이기 때문에 혈액을 통해 꾸준히 공급받아야 해요. 혈당이 부족하거나 포도당 대사에 문제가 생기면, 뇌에 적절한 에너지 공급이 이루어지지 않아 집중력 저하, 기억력 감퇴, 심한 경우 현기증이나 극심한 피로감으로 이어질 수 있어요.

반대로 혈당이 너무 높으면 이를 낮추기 위해 **인슐린**이 과도하게 분비되면서 졸음이 올 수 있어요. 그래서 시험 당일 아침에는 과식을 피하고 적당량의 탄수화물을 중심으로 한 식단이 권장되는 거예요.

뇌가 필요한 에너지를 충분히 공급받으면 도파민, 세로토닌, 아세틸콜린 등 다양한 신경 전달 물질이 원활하게 만들어지고 분비돼요. 이 물질들은 우리의 감정, 기억, 학습, 행동 등 모든 뇌 활동을 조절하는 데 핵심적인 역할을 하죠.

도파민(dopamine)은 동기 부여와 보상과 관련된 물질이에요. 공부를 재미있게 만들어 주고, 목표를 향해 나아가도록 이끄는 역할을 해요. 도파민은 티로신이라는 아미노산에서 시작해서 여러 화학 반응을 거쳐 만들어져요.

세로토닌(serotonin)은 마음의 안정과 스트레스 조절에 깊이 관여해요. 이 물질은 트립토판이라는 아미노산으로부터 합성되며,

혈당 스파이크가 일어나는 이유

혈당 수치

혈당 스파이크   혈당 스파이크

식전 식사
잔여 혈당

신체에 적정한
혈당 범위

저혈당   저혈당

시간

당도 높은 음식 섭취   간식 섭취   다시 간식 섭취

수면과 기분 조절에 중요한 역할을 하지요. 세로토닌이 부족하면 불안하거나 우울감을 느끼기 쉬워요.

아세틸콜린(acetylcholine)은 기억력과 학습 능력 향상에 도움을 주는 물질이에요. 이는 아세틸-CoA와 콜린이 결합하여 만들어지는데, 아세틸-CoA는 우리가 먹는 음식이 에너지로 바뀌는 시트르산 회로에서 생성되는 중요한 중간물질입니다.

포도당, 뇌를 깨우는 에너지로!

이러한 신경 전달 물질들은 아미노산을 기반으로 효소 반응과 에너지 저장 분자(ATP)의 도움을 받아 합성돼요. 그래서 균형 잡힌 식사를 통해 충분한 영양소를 섭취하는 것이 정말 중요해요.

이제 포도당이 어떻게 뇌에서 사용하는 에너지로 바뀌는지 한 번 살펴볼까요? 이 과정은 복잡해서 완벽하게 이해하기 어려울 수도 있어요. 지금은 '도전하는 마음'으로 가볍게 읽어 보세요!

포도당은 세포 안에서 여러 화학 반응을 거쳐 분해되면서 에너지를 만들어 내고, 이 에너지로 ATP가 만들어져요. ATP는 모든 생명 활동에 꼭 필요한 에너지 화폐라고 불린답니다. ATP는 다음과 같은 단계로 이루어져 있어요.

포도당이 에너지로
바뀌는 과정

① 해당과정(glycolysis): 동물의 여러 조직에서 산소 없이 포도당을 분해하여 에너지를 얻는 대사 과정을 말해요. 포도당 한 분자가 두 개의 피루브산(pyruvate)으로 분해되면서, 소량의 ATP와 전자 운반체인 NADH가 만들어져요. 이후 생성된 피루브산은 미토콘드리아로 들어가 아세틸-CoA라는 물질로 바뀌어요.

② 크랩스 회로(Krebs cycle): 아미노산, 지방, 탄수화물 따위가 분해하여 발생한 유기산이 호흡에 의하여 산화하는 경로로, 최종적으로는 물과 이산화탄소로 분해되어 생활에 필요한 에너지를

발생시켜요. 아세틸-CoA는 크랩스 회로에 들어가 여러 산화 과정을 거치면서 이산화탄소(CO_2)가 만들어지고 NADH, $FADH_2$ 같은 고에너지 전자 운반체와 소량의 ATP도 더 만들어져요.

③ **전자전달계**(미토콘드리아의 막): 앞 단계에서 만들어진 NADH와 $FADH_2$가 전자를 전달하면서 에너지를 방출해요. 이 에너지를 이용해 많은 양의 ATP가 만들어져요. 전자들이 전달되는 마지막 단계에서는 산소(O_2)가 수소 이온(H^+)과 만나 물(H_2O)이 만들어지지요.

이 모든 과정을 통해 포도당 1분자당 약 30~32개의 ATP가 만들어져요. 이렇게 만들어진 ATP는 뇌에서 정말 다양하게 사용되지요. 예를 들어, 신경세포가 전기 신호를 전달할 때, 이온 펌프를 작동시킬 때, 또는 신경 전달 물질을 합성할 때도 ATP가 필요해요.

이 복잡한 과정을 통해 포도당은 뇌를 비롯한 우리 몸의 모든 세포 활동에 꼭 필요한 에너지로 바뀌는 거예요.

숨 쉬고 먹는 것도 화학이다!

뇌세포의 세포 호흡 과정에서 산소는 없어서는 안 될 필수 요소예요. ATP 생성 과정(산화적 인산화)은 산소가 있어야만 효율적으로 이루어지기 때문이랍니다. 산소가 부족한 상태, 즉 저산소증에서는 전자전달계가 제대로 작동하지 못해 ATP 생성이 크게 줄어들어요. 그 결과 뇌세포의 기능이 급격히 저하되고, 심한 경우 의식이 흐려지거나 실신할 수도 있어요.

이러한 이유로 시험 중 환기가 잘되지 않는 답답한 환경에서 집중력이 떨어지는 현상도 화학적으로 설명할 수 있어요. 뇌의 산소 부족은 곧 에너지 부족을 의미하니까요.

혹시 시험 직전에 초콜릿이나 사탕, 젤리를 먹어본 적 있나요? 이는 급하게 **포도당**을 공급받아 집중력을 끌어올리려는 하나의 전략이라고 볼 수 있어요. 실제로 초콜릿은 단당류가 많아 빠르게 포도당으로 전환되고, 일부 초콜릿에 들어 있는 카페인과 테오브로민은 일시적인 각성 효과를 주기도 해요.

하지만 과도한 단순 당류 섭취는 주의해야 해요. 너무 많은 설탕은 혈당을 급격히 올리고, 이에 대한 반응으로 인슐린이 과다 분비되어 오히려 혈당이 급격히 떨어지는 **반응성 저혈당**을 유발할 수 있거든요. 이는 소위 말하는 '당 떨어짐'으로 이어져 졸음이 오거나 집중력이 떨어질 수 있답니다. 그래서 뇌에는 안정적이고 지속적인 포도당 공급이 더 효과적이랍니다.

현미밥, 고구마, 통밀빵 같은 복합 탄수화물은 소화 과정에서 포도당으로 서서히 분해되어 혈당을 안정적으로 유지해 줘요. 견과류도 좋습니다. 지방과 단백질이 풍부해서 에너지를 오랜 시간 지속시켜 준답니다. 마그네슘과 오메가-3 지방산처럼 뇌 기능에 중요한 영양소도 풍부하게 들어 있어요. 하지만 칼로리가 높은 편이라서 적당량만 섭취해야 합니다.

커피나 에너지 음료에 들어 있는 **카페인**은 학생들이 집중력을 유지하기 위해 자주 찾는 성분이에요. 이러한 음료를 마신 뒤 정신이 맑아지는 느낌을 받는 이유는 카페인(caffeine)이 뇌의 아데노신 수용체를 차단하기 때문이죠.

아데노신은 뇌에 피로 신호를 전달하는 물질이에요. 활동량이 많아질수록 뇌에 아데노신이 쌓여 피로감을 느끼게 하고 잠이 오게 되죠. 그런데 카페인은 아데노신이 결합해야 할 자리를 가로채서 뇌가 피로감을 인식하지 못하게 만들어요.

지나친 카페인 섭취는 불안감, 가슴 두근거림, 수면 장애 같은 부작용을 일으킬 수 있고 장기적으로는 뇌를 더 피로하게 만들 수

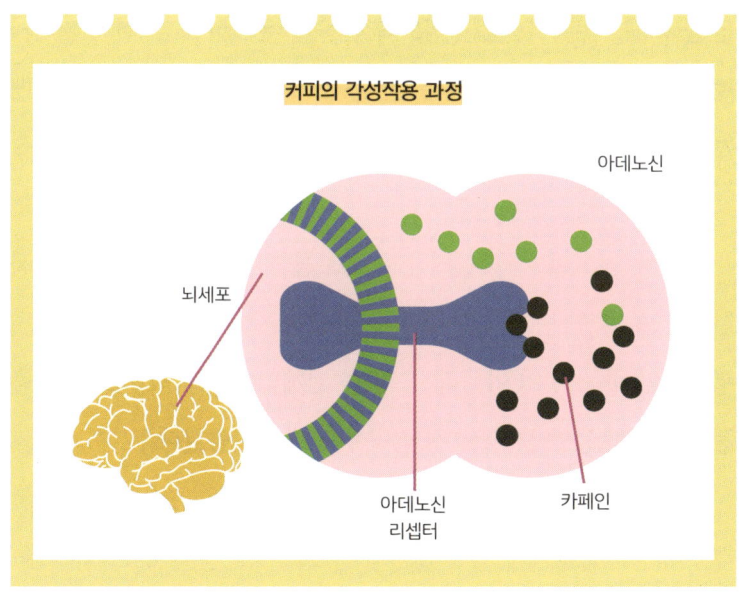

커피의 각성작용 과정

아데노신

뇌세포

아데노신
리셉터

카페인

있어요.

그리고 다이어트를 한다고 장시간 단식하게 되면 포도당이 부족해지면서, 우리 몸은 비상 상황에 대비해요. 간에서는 지방산을 분해하여 **케톤체**(ketone bodies)라는 물질을 생성합니다. 대표적인 케톤체는 아세토아세트산(acetoacetic acid), β-하이드록시뷰티르산(β-hydroxybutyric acid), 아세톤(acetone) 등이 있어요. 이들은 포도당이 부족할 때 뇌의 보조 연료로 사용될 수 있긴 하지만, 포도당에 비해 효율이 낮고, 산성 물질이라서 대사 과정에서 체내를 산성화시킬 수 있어요.

뇌는 다른 장기보다 훨씬 많은 포도당을 요구해요. 그리고 포도당을 **ATP**로 바꿔 수많은 생화학 반응을 유지하죠. 그러기 위해서는 적절한 영양소 섭취, 충분한 수면, 그리고 스트레스 관리가 매우 중요해요.

우리가 숨 쉬고, 음식을 먹고, 음료를 마시는 순간에도 뇌에서는 수많은 화학 반응이 부지런히 일어나고 있어요. 공부는 단순히 머리로만 하는 일이 아니라, 우리 몸 전체의 생화학적 시스템이 총동원되는 활동인 셈이죠. 결국 공부도 화학이랍니다.

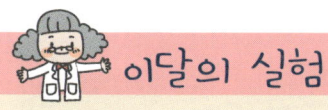

달콤한 에너지? 어떤 과일이 혈당을 올릴까?

준비물 혈당측정기(채혈침, 시험지 포함), 소독용 알콜이 묻은 솜, 사과 100g, 바나나 100g

※혈당측정기는 약국이나 온라인몰에서 쉽게 구할 수 있어요. 단, 보호자와 함께 진행해 주세요.

실험방법

❶ 실험 전 최소 공복 상태를 2시간은 유지한 후, 손을 깨끗이 씻고, 손가락 끝을 소독해요.

❷ 혈당측정기를 이용해 공복 혈당을 측정하고 기록해요.

❸ 첫날, 사과 100g을 먹고, 15분, 30분, 45분 후 혈당을 다시 측정해요.

❹ 둘째날, 바나나 100g을 먹고, 같은 방법으로 혈당을 측정해요.

❺ 혈당이 시간에 따라 어떻게 변하는지 비교하면서 어떤 과일이 혈당을 더 빠르고 더 많이 올렸는지 살펴봐요.

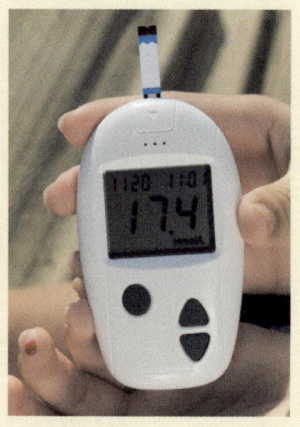

화학 이야기

왜 이런 일이 발생할까요? 우리가 먹는 과일에는 당 성분이 포함되어 있어요. 하지만 어떤 종류의 당분이 포함되어 있느냐에 따라 혈당을 올리는 속도와 정도가 달라져요. 바나나는 혈당을 빠르게 올리는 당 성분이 많고, 상대적으로 사과는 식이섬유가 풍부해 당 흡수 속도가 느려져 천천히 올라가요. 포도당이 혈액으로 흡수되어 혈당 수치가 올라가면 췌장에서는 인슐린이라는 호르몬이 분비되어 혈당을 조절한답니다. 혈당이 급격하게 올랐다가 시간이 지나면서 다시 내려가는 모습을 통해 우리 몸의 항상성 유지 원리도 학습해 볼 수 있습니다.

12월

어둠에 빛을 드리우다

형광과 야광에 숨겨진 화학의 쓸모

겨울밤을 밝히는 빛,
반딧불에서 형광펜까지.
눈에 보이지 않는 빛의 과학을 만나 볼까요?

좋아하는 아이돌 콘서트장을 빛내는 형형색색의 응원봉! 수천 명의 팬들 손에 들린 응원봉이 하나의 물결처럼 움직일 때, 그 장면은 정말 소름 돋을 만큼 멋진 광경을 만들어 내기도 하죠.

그리고 어두운 방을 밝혀 주는 형광등도 빼 놓을 수 없어요. 매일 공부하고 생활하는 공간을 은은하게 밝혀 주는 그 빛이 없다면 우리의 밤은 얼마나 불편할까요?

시험 공부할 때 형광펜을 많이 사용하죠? 그 선명한 색감으로 중요한 내용을 강조하다 보면, 지식이 우리 머릿속에 더 밝게 새겨지는 것 같은 느낌이 들지 않나요?

이처럼 우리 주변에는 형광과 야광을 이용한 물건들이 많아요. 너무 흔하고 익숙해서 별다른 생각 없이 사용하던 물건들이 어떻게 빛을 낼 수 있는지 궁금하지 않나요? 지금부터 형광과 야광의 놀라운 화학의 비밀 속으로 여행을 떠나 봅시다!

순간을 비추는 빛의 반짝임, 형광

먼저 형광에 대해 알아볼까요? **형광**은 특정 물질이 빛이나 전자기파와 같은 에너지를 흡수한 뒤, 아주 짧은 시간 안에 다시 빛의 형태로 방출하는 현상을 말해요.

우리가 사용하는 형광등도 이 원리를 활용한 것이랍니다. 유리관 속의 수은 증기가 방전되면서 **자외선**을 내보내고, 이 자외선이 유리관 안쪽에 칠해진 형광 물질에 흡수되어 **가시광선**으로 바뀌어요. 이 과정에서 형광 물질의 전자들이 에너지를 흡수했다가 다시 방출하면서 흡수한 자외선보다 파장이 더 긴 가시광선, 즉 우리가 눈으로 볼 수 있는 다양한 색의 빛을 냅니다. 그리고 푸른색 빛, 노란색 빛 등을 내는 형광 물질을 섞어 사용하면, 우리가 흔히

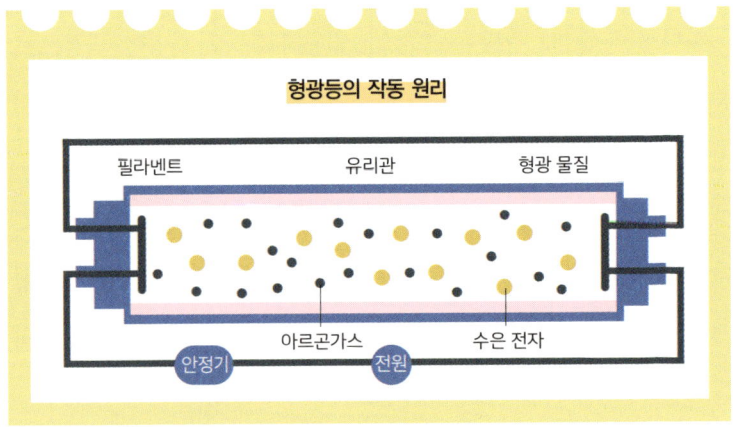

형광등의 작동 원리

필라멘트　　유리관　　형광 물질

아르곤가스　　수은 전자

안정기　　전원

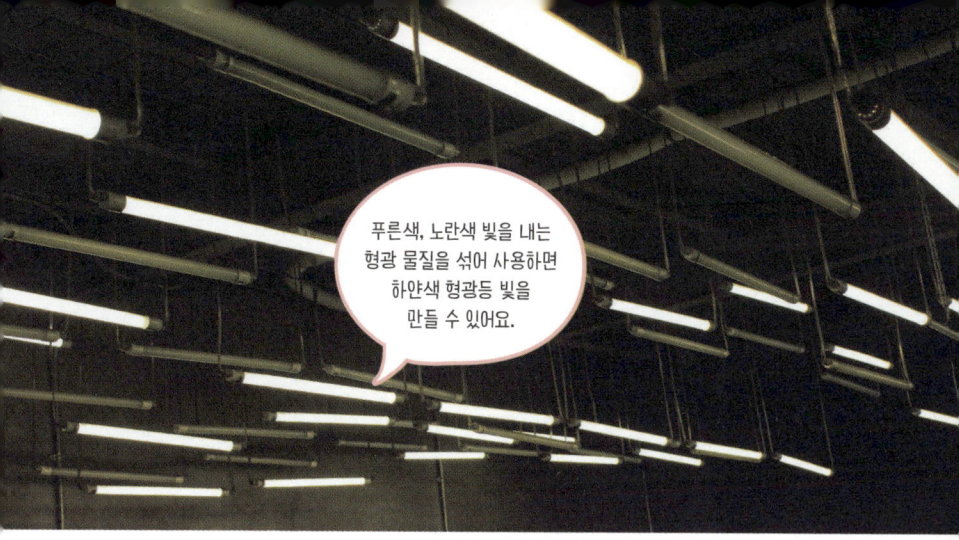

푸른색, 노란색 빛을 내는 형광 물질을 섞어 사용하면 하얀색 형광등 빛을 만들 수 있어요.

보는 하얀색 형광등의 빛을 만들 수 있어요.

형광등은 백열전구에 비해 에너지 효율이 높다는 장점도 있어요. 백열전구는 전기 에너지 대부분을 열 에너지로 바꾸기 때문에 낭비가 많지만, 형광등은 대부분의 전기 에너지를 빛 에너지로 전환하기 때문에 더 적은 전력으로 더 밝은 빛을 낼 수 있습니다.

시험 공부할 때 중요한 부분을 강조하기 위해 사용하는 형광펜도 형광 현상을 활용한 대표적인 예랍니다. 형광펜 잉크에는 특정한 파장의 빛을 흡수하여 더 긴 파장의 빛을 방출하는 **형광 색소 분자**가 들어 있어요. 우리가 형광펜으로 종이에 글씨를 쓰면, 형광 색소 분자들이 종이에 스며들어 남게 돼요. 이 분자들은 우리가 보는 일반적인 가시광선뿐만 아니라, 눈에 잘 보이지 않는 자외선 영역의 빛까지 흡수하는 특별한 능력이 있어요.

형광펜은 색에 따라
빛의 파장이 달라져요.

특히 자외선이나 파란색 빛처럼 에너지가 높은 빛을 비추면, 형광 색소 분자들이 이 빛 에너지를 흡수했다가 더 긴 파장인 노란색, 초록색, 주황색 등의 밝고 선명한 빛을 다시 방출해요. 그래서 형광펜으로 칠한 부분이 마치 빛나는 것처럼 보이는 것이랍니다.

형광펜은 색에 따라 **빛의 파장**이 다르고, 사람 눈은 각 파장에 반응하는 민감도가 달라서 선명하게 보이는 정도가 달라져요. 예를 들어 노랑이나 초록은 사람이 가장 민감하게 느끼는 녹황색 파장(약 550nm 부근)과 겹치기 때문에 밝고 눈에 잘 띄어요. 분홍이나 주황은 눈의 민감도가 상대적으로 낮은 영역에 속해 다소 덜 도드라져 보일 수 있어요. 반면 파랑과 보라는 파장이 짧아 눈의 민감도가 떨어지므로 선명도가 낮고 어둡게 느껴져, 주로 강조보다는 꾸미기 용도로 활용되는 경우가 많답니다.

야광은 에너지를 천천히 방출하기 때문에 형광과 달리 오랫동안 빛을 낼 수 있어요.

일반 색깔 펜은 특정 파장의 빛을 흡수하고 나머지 파장의 빛을 반사하여 색깔을 나타내지만, 형광펜은 흡수한 빛 에너지를 더 밝은 빛으로 변환하여 방출하기 때문에 훨씬 더 선명하게 보이는 거랍니다.

어둠을 밝히는 조용한 빛, 야광

이번에는 **야광**에 대해 알아볼까요? 야광은 형광처럼 어떤 물질이 빛 에너지를 흡수한 뒤, 다시 빛을 내는 현상이에요. 하지만 형광과 다른 점이 하나 있어요. 형광은 빛을 받으면 즉각 반응해서 눈에 보이는 빛을 내지만, 야광은 에너지를 천천히 **방출**하기 때문에 오랫동안 빛을 낼 수 있어요. 스펀지가 물을 머금었다가 천천

히 짜내는 것과 비슷해요.

우리 주변에서 야광을 활용한 대표적인 예로는 야광 스티커, 야광봉, 야광 팔찌 등이 있답니다. 어두운 밤, 계단에서 넘어지지 않기 위해 붙여 놓은 야광 스티커는 **황화아연**(ZnS)이라는 물질에 구리나 은과 같은 아주 소량의 금속을 넣어 만든 야광 물질을 사용해요. 이 야광 물질은 빛을 받으며 전자가 높은 에너지 상태로 올라갔다가, 시간이 지나면서 서서히 낮은 에너지 상태로 돌아오게돼요. 이 과정에서 빛이 방출되는데, 형광보다 훨씬 느리게 일어나기 때문에 오랜 시간 어둠 속에서도 빛나는 거예요.

그런데 콘서트장에서 흔히 볼 수 있는 야광봉이나 야광 팔찌는 조금 다른 방식으로 빛을 내요. 이들은 빛을 저장했다가 뿜어 내는 것이 아니라 화학 반응을 통해 직접 빛을 만들어 내는 방식이

랍니다. 이런 현상을 **화학 발광**이라고 해요.

화학 발광은 열을 거의 내지 않으면서도 빛을 낼 수 있어서 안전하게 사용할 수 있어요. 야광봉이나 팔찌 안에는 과산화수소 용액, 디페닐 옥살레이트(화학 반응제), 그리고 형광 색소 용액이 각각 따로 담겨 있어요.

우리가 야광봉이나 팔찌를 꺾으면 안쪽의 얇은 유리관이 뿌드득 소리를 내며 깨지면서 용액들이 섞이게 되고, 화학 반응이 일어난답니다. 이때 생성된 에너지가 형광 색소에 전달되면 색소가 들뜬 상태로 올라갔다가 다시 원래 상태로 돌아오면서 빛을 내는 거랍니다.

팁! 야광봉을 흔들면 안에 들어 있는 용액이 잘 섞이면서 화학 반응이 활발해져 잠시 더 밝아 보인답니다.

반딧불이 전하는 빛의 언어, 생물 발광

어둠 속에서 초록빛을 깜빡이는 반딧불의 빛은 정말 신비롭고 아름답죠? 반딧불의 빛은 몸속에서 일어나는 특별한 화학 반응 덕분에 만들어지는 **생물 발광**(bioluminescence) 현상이에요.

반딧불의 꼬리 부분에는 루시페린(luciferin)이라는 유기 화합물(발광물질)과 루시페라아제(luciferase)라는 효소가 들어 있어요. 이 두 물질이 산소와 ATP라는 에너지원을 만나면 화학 반응을 일으키며 빛을 만들어 내요. 먼저 루시페린은 ATP와 반응해 활성화된 상태가 되고, 이후 산소와 결합하면서 빛을 방출해요. 이 과정에서 루시페라아제는 반응이 잘 일어나도록 돕는 촉매 역할을 한답니다.

　놀랍게도 방출되는 빛은 열 에너지로 거의 전환되지 않고 대부분 눈에 보이는 빛의 형태로 나오기 때문에 매우 효율적인 발광 현상이라고 할 수 있어요. 참고로 반딧불의 발광은 **냉광**(cold light)이라고 불려요. 방출되는 에너지의 90% 이상이 가시광선이고, 열로 손실되는 비율은 10%도 되지 않아서 피부로 느낄 만큼의 열도 발생하지 않아요. 그래서 반딧불을 손에 올려도 뜨겁지 않답니다.

　반딧불이 빛을 내는 이유는 짝짓기를 위한 신호, 천적에 대한 경고 등 다양한 목적을 가지고 있다고 해요. 그리고 깜빡이는 빛의 패턴과 색깔은 반딧불 종마다 다르기 때문에 서로 다른 종을 구별하고 짝을 찾는 데 중요한 역할을 한답니다. 이처럼 반딧불의 생물 발광은 단순한 아름다움을 넘어 생존을 위한 중요한 **화학적**

소통 방식인 셈이네요.

전기의 힘으로 세상을 밝히는 형광등, 눈에 띄는 흔적을 남기는 형광펜, 어둠 속에서 은은히 빛나는 야광 스티커, 화학 반응으로 빛을 내는 야광봉과 야광 팔찌, 그리고 스스로 빛을 만들어 내는 신비로운 반딧불의 생물 발광까지! 이 모든 현상은 물질 속 전자의 움직임과 에너지 상태 변화라는 화학적 원리에 따라 일어나는 일이었어요.

미래에는 지금보다 더 다양한 분야에서 형광과 야광 기술이 활용되지 않을까요? 에너지 효율이 뛰어난 차세대 조명, 빛으로 표현하는 신개념 디스플레이, 인체에 무해하고 오랫동안 지속되는 친환경 야광 소재, 생명 현상을 정밀하게 분석하여 질병의 진단과 치료에 활용할 수 있는 형광 바이오 센서까지! 우리 삶을 더 안전하고 편리하며 풍요롭게 만들어 줄 거예요.

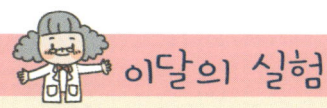
보이지 않는 빛, 집에서 해 보는 형광 실험!

준비물 형광펜(노란색, 초록색, 분홍색 등), 물 100ml, 투명 플라스틱 컵, 블랙라이트(자외선 손전등), 가위
※블랙라이트는 온라인 쇼핑몰에서 저렴하게 구입할 수 있어요. 그리고 어두운 방이나 빛을 차단할 수 있는 곳이 좋아요.

실험방법

❶ 형광펜의 심 부분을 꺼내 가위로 자르고, 안에 든 솜을 컵의 물에 담가 5~10분 정도 기다려요.

❷ 물에 형광 잉크가 퍼지면서 밝은 색의 액체가 만들어져요.

❸ 불을 끄고 블랙라이트를 비추면, 물이 반짝이며 아름다운 형광 빛을 낸답니다.

화학 이야기

형광이란 자외선처럼 눈에 보이지 않는 짧은 파장의 빛을 흡수한 뒤, 보다 긴 파장의 가시광선으로 다시 방출하는 현상이에요. 노란색 잉크에는 피라닌(Pyranine), 분홍색이나 붉은색 계열의 잉크에는 로다민B(Rhodamine B)라는 형광 염료가 들어 있어요. 이들이 자외선을 흡수해서 눈에 잘 띄는 형광색을 방출합니다. 형광은 화학, 의학, 법의학, 보안, 예술 등 다양한 분야에서 활용되고 있어요. 특히, 실험한 형광펜 잉크처럼 눈에 잘 띄도록 표시하거나 감춰진 정보를 밝힐 때 아주 유용하게 활용된답니다.

화학의 진화! 주기율표에서 생명의 코드까지!

화학자의 퍼즐! 주기율표의 탄생

어두컴컴한 실험실 한편, 희미한 램프 불빛 아래 한 남자가 골똘히 생각에 잠겨 있어요. 그는 바로 19세기 러시아의 화학자 드미트리 멘델레예프였어요.

책상 위에는 60여 장의 카드가 어지럽게 흩어져 있었고, 카드에

드미트리 멘델레예프

는 당시 알려진 원소들의 이름과 성질, 원자량이 적혀 있었어요. 멘델레예프는 이 카드들을 이리저리 배열해 보면서 원소들 사이의 숨겨진 규칙을 찾고자 애쓰고 있었어요. 밤낮없이 연구에 몰두한 결과, 마침내 놀라운 규칙성을 발견했어요. 원소들을 일정한

간격으로 배열하자 비슷한 화학적 성질을 가진 원소들이 주기적으로 나타난다는 것을 깨달은 거죠. 이것이 바로 **주기율**의 발견, 화학의 역사를 뒤바꾼 위대한 업적이었답니다.

멘델레예프 이전에도 원소들을 체계적으로 정리하려는 여러 시도가 있었어요. 18세기 프랑스의 화학자 **라부아지에**는 당시 알려진 33개의 원소를 금속, 비금속, 기체, 흙이라는 네 가지 그룹으로 분류했어요. 비록 오늘날의 주기율표와는 거리가 멀지만, 원소들을 체계적으로 정리하려는 최초의 시도였다는 점에서 중요한 의미를 갖는답니다.

요한 볼프강 되베라이너

시간이 흘러 19세기 초, 독일의 화학자 **요한 볼프강 되베라이너**는 염소, 브롬, 요오드처럼 비슷한 성질을 가진 원소들을 세 개씩 묶어 **세 쌍 원소설**이라는 개념을 제시했어요. 그는 일부 원소 군에서, 가운데 원소의 원자량이 양쪽 원소 원자량의 평균값과 비슷하다는 것을 발견했어요. 비록 제한적이기는 했지만, 후대 과학자들에게 원소들의 주기성을 연구하는 데

존 뉴랜즈

영감을 주었습니다.

이어서 19세기 중반 영국의 화학자 **존 뉴랜즈**는 원소들을 원자량 순으로 나열했을 때, 여덟 번째마다 비슷한 성질을 가진 원소가 나타난다는 **옥타브 법칙**을 제시했습니다. 하지만 뉴랜즈의 옥타브 법칙은 칼슘 이후의 원소들에는 적용되지 않았고, 당시 과학계의 비웃음을 샀어요. 한 화학자는 '원소들을 알파벳 순서로 배열해 보는 것은 어떻겠냐?'라며 조롱하기도 했어요. 하지만 훗날 멘델레예프의 주기율표가 인정받으면서 뉴랜즈의 업적도 재평가받게 되었답니다.

그리고 마침내, 멘델레예프가 최초의 주기율표를 완성했어요. 그는 원소들을 원자량 순서대로 배열하고, 비슷한 화학적 성질을 가진 원소들을 같은 세로줄에 배치했어요. 멘델레예프의 **주기율**

Reihen	Gruppo I. — R^2O	Gruppo II. — RO	Gruppo III. — R^2O^3	Gruppo IV. RH^4 RO^2	Gruppo V. RH^3 R^2O^5	Gruppo VI. RH^2 RO^3	Gruppo VII. RH R^2O^7	Gruppo VIII. — RO^4
1	H=1							
2	Li=7	Be=9,4	B=11	C=12	N=14	O=16	F=19	
3	Na=23	Mg=24	Al=27,3	Si=28	P=31	S=32	Cl=35,5	
4	K=39	Ca=40	—=44	Ti=48	V=51	Cr=52	Mn=55	Fe=56, Co=59, Ni=59, Cu=63.
5	(Cu=63)	Zn=65	—=68	—=72	As=75	Se=78	Br=80	
6	Rb=85	Sr=87	?Yt=88	Zr=90	Nb=94	Mo=96	—=100	Ru=104, Rh=104, Pd=106, Ag=108.
7	(Ag=108)	Cd=112	In=113	Sn=118	Sb=122	Te=125	J=127	
8	Cs=133	Ba=137	?Di=138	?Ce=140	—	—	—	— — —
9	(—)							
10	—	—	?Er=178	?La=180	Ta=182	W=184	—	Os=195, Ir=197, Pt=198, Au=199.
11	(Au=199)	Hg=200	Tl=204	Pb=207	Bi=208			
12				Th=231		U=240		

멘델레예프의 주기율표

표는 단순히 원소들을 배열한 것이 아니라 중간중간 빈칸을 남겨 두며 그 자리에 들어갈, 아직 발견되지 않은 원소들의 존재와 성질까지 예측했답니다. 그의 예측은 실제로 적중했고, 갈륨, 게르마늄, 스칸듐 같은 원소들이 이후 발견되면서 멘델레예프의 주기율표는 화학의 근간을 이루는 중요한 발견으로 인정받았답니다.

20세기 초, 영국의 물리학자 **헨리 모즐리**는 원소들이 방출하는 X선의 파장이 원자핵 속 양성자의 수와 관련이 있다는 것을 발견했죠. 원소의 고유한 성질은 원자량이 아닌 양성자의 수, 즉 **원자 번호**에 의해 결정된다는 것을 밝혀낸 것이에요. 멘델레예프의 주기율표를 원자 번호 순서대로 재

헨리 모즐리

배열했고, 그 결과 현대의 주기율표는 더욱 완벽해졌어요. 모즐리의 발견은 주기율표의 정확성을 높였을 뿐만 아니라, 원자 구조에 대한 이해를 높이는 데도 크게 이바지했습니다.

라부아지에부터 모즐리까지, 수많은 과학자의 노력과 연구 끝에 주기율표가 완성되었고, 이는 원소들 사이의 숨겨진 관계를 보여 주는 **화학 설명서**라고 할 수 있지요. 우리가 화학 교과서에서 보는 주기율표가 끝일까요? 과학자들은 새로운 원소를 발견하고

주기율표를 확장하기 위해 끊임없이 노력하고 있어요. 지금, 이 순간에도 주기율표는 진화 중입니다.

플라스틱과 섬유, 화학의 실체를 벗기다!

존 웨슬리 하이엇

한때는 코끼리의 상아로 당구공을 만들었다는 사실을 알고 있나요? 코끼리 한 마리로 고작 서너 개의 당구공만 만들 수 있었기 때문에 야생 코끼리들이 무분별하게 사냥당했습니다.

바로 이때! 미국의 **존 웨슬리 하이엇**이라는 발명가가 질산셀룰로스를 특별한 방법으로 가공해 셀룰로이드라는 최초의 인공 플라스틱을 개발했고, 이 덕분에 상아 당구공을 대체할 수 있게 되었죠.

하지만 초기 **셀룰로이드**에는 웃지 못할 단점이 있었어요. 당구공끼리 부딪칠 때 작은 폭음이 발생하거나 불꽃이 튀는 바람에 사람들이 깜짝 놀라기도 했어요. 그래서 '폭탄 당구공'이라는 별명이 붙기도 했답니다.

20세기 초, **레오 베이클랜드**라는 화학자가 페놀과 포름알데히드를 반응시켜 베이클라이트라는 새로운 플라스틱을 개발했어요. **베이클라이트**는 이전의 플라스틱과는 비교할 수 없을 정도로 단단하고 내열성이 뛰어났어요. 전기 절연체, 전화기 부품, 주방용품 등 정말 다양한 분야에서 사용되기 시작했죠. 베이클라이트의 성공은 플라스틱 산업에 엄청난 활력을 불어넣었어요.

레오 베이클랜드

이후 폴리에틸렌, 폴리프로필렌, 폴리염화비닐(PVC) 등 수많은 종류의 플라스틱이 연이어 개발되었어요. 특히 **폴리에틸렌**은 가볍고 유연해서 포장재, 용기, 장난감 등 일상생활 곳곳에 사용되었고, **폴리염화비닐**은 놀라운 내구성으로 건축 자재, 파이프, 전선 피복 등에 광범위하게 활용되었어요.

레오 베이클랜드의 연구실

플라스틱과 함께 **합성 섬유**도 섬유 산업에 획기적인 변화를 불러왔어요. 과거에는 면, 양모, 견 등 자연에서 얻을 수 있는 섬유만 사용했지만, 화학 기술의 발전으로 나일론, 폴리에스터, 아크릴 같은 다양한 합성 섬유가 탄생했죠. 이 새로운 섬유들은 자연 섬유보다 훨씬 질기고, 탄성이 뛰어나며, 생산 단가도 저렴해서 의류, 산업용 섬유, 생활용품 등 거의 모든 분야에서 사용되기 시작했어요.

윌리스 캐러더스

특히 **윌리스 캐러더스**의 끈질긴 연구 끝에, 거미줄보다 가늘고 강철보다 질긴 섬유로 알려진 **나일론**이 탄생했어요. 여성들의 스타킹부터 시작해 제2차 세계대전 중에는 낙하산, 텐트, 군복 등 군수 물자로도 널리 활용되었지요.

나일론의 성공은 합성 섬유 산업의 폭발적인 성장을 이끌었답니다. 이후 **폴리에스터**가 개발되면서 합성 섬유는 의류 산업의 주류로 자리 잡았어요. 폴리에스터는 디레프탈산과 에틸렌글리콜을 중합하여 만든 섬유로, 구김이 잘 가지 않고 세탁이 쉬워 일상복, 스포츠 의류, 침구류 등 다양한 용도로 쓰이고 있어요. 그리고 염색이 잘 되고 다양한 색상을 표현할 수 있어 패션 산업에서도 인

합성 섬유는 폐기 과정에서 유해물질과 미세 플라스틱이 발생해 환경 문제를 일으켜요.

기가 많아요.

아크릴은 아크릴로니트릴을 중합하여 만든 섬유로, 양모와 비슷한 촉감뿐만 아니라 가볍고 보온성이 뛰어나 스웨터, 담요 등 겨울철 의류에 많이 사용됩니다.

하지만 합성 섬유가 마냥 좋기만 한 걸까요? 합성 섬유는 자연 섬유보다 저렴하고 다양한 기능을 가지고 있지만, 환경 문제도 일으켜요. 석유 화학 원료로 만들어지기 때문에 생산 과정에서 많은 에너지를 소비하고, 폐기 과정에서 유해 물질과 미세 플라스틱이 발생할 수 있어요.

특히, 합성 섬유로 만든 옷을 세탁할 때 미세 플라스틱이 물속으로 흘러 들어가 해양 생태계를 오염시킬 수 있답니다. 예를 들어 가볍고 따뜻한 플리스 소재의 옷은 미세 플라스틱 발생량이 많아 환경 오염의 주범으로 지목되기도 해요.

이러한 문제를 해결하기 위해 섬유 표면을 코팅하여 미세 플라스틱 발생을 줄이거나, 세탁 시 미세 플라스틱을 걸러내는 세탁망, 해조류나 버섯 균사체를 이용한 친환경 섬유 개발을 위한 연구가 활발히 진행되고 있습니다. 그리고 옥수수나 사탕수수에서 추출한 원료로 만든 PLA 섬유는 특정 조건에서 생분해할 수 있어 환경 오염을 줄이는 데 도움이 될 수 있어요.

현미경으로 생명의 화학을 보다!

20세기 중반, 과학은 새로운 전환점을 맞이했어요. 물질의 구성 요소를 넘어, 생명의 근원적인 비밀을 파헤치는 시대가 열린 것이죠. 현미경 렌즈 너머로 보이는 작은 세계는 과학자들의 호기심을 자극했고, 생명 화학 분야의 무한한 가능성을 보여 주었죠.

에밀 피셔

생명 화학의 역사는 19세기 말, 독일의 화학자 **에밀 피셔**가 단백질의 구조를 연구하면서 시작되었어요. 한 방울의 단백질 속에는 수천 개의 아미노산이 복잡하게 얽혀 있었죠. 그는 이 작은 분자들을 마치 레고 블록처럼 조립하고 분해하는 실험을 반복했어요. 어떤 아미노산들은 서로 잘 결합하고, 어떤 아미노산들은 쉽게 분리되는지 꼼꼼히 관찰했습니다. 그 결과 단백질을 이루는 아미노산들이 어떤 방식으로 연결되는지 실험을 통해 밝혀냈고, **펩타이드**(peptide) 결합이라는 개념을 확립했어요. 그의 연구는 단백질의 구조와 기능을 이해하는 데 중요한 기반이 되었답니다.

프레더릭 생어

20세기 초, 영국의 생화학자 **프레더릭 생어**는 인슐린이라는 단백질의 아미노산 서열을 밝혀내는 데 성공했어요. 이는 단백질 1차 구조를 완전히 밝혀낸 최초의 사례였고, 단백질의 구조와 기능 사이의 관계를 이해하는 데 큰 진전을 가져왔습니다.

인슐린 단백질의 구조를 밝혀내면서 당뇨병 환자들에게 엄청난 희망을 주었어요.

INSULIN
for subcutaneous use

인슐린 연구는 특히 당뇨병 환자들에게 엄청난 희망을 주었어요. 생어의 연구 덕분에 인슐린의 구조를 인공적으로 복제할 수 있게 되었고, 수많은 당뇨병 환자들이 인슐린 주사를 통해 건강한 삶을 살 수 있게 되었답니다. 현미경 속 작은 분자 하나가 수백만 명의 삶을 바꿀 수 있다니 정말 놀랍지 않은가요?

그리고 생명 화학의 가장 큰 발견은 뭐니 뭐니 해도 DNA 구조의 규명이에요. 1953년, 제임스 왓슨과 프랜시스 크릭은 DNA가 이중 나선(double helix) 구조로 되어 있다는 것을 밝혀냈죠. DNA는 유전 정보를 담고 있는 물질로, 생명체의 모든 특성과 기능을 결정하는 역할을 한답니다.

제임스 왓슨

프랜시스 크릭

DNA 구조 발견은 생명의 비밀을 풀어낼 열쇠를 찾은 것 같았어요. 이중 나선 구조 덕분에 DNA가 유전 정보를 어떻게 복제하고, 세포 분열 시 다음 세포로 전달하는 메커니즘을 설명할 수 있게 되었거든요. 우리 몸을 구성하는 세포 하나하나에는 약 30억 개의 염기쌍(base pair)이 있는데, 이 작은 정보들이 우리의 키, 눈동자 색깔 같은 신체적 특징, 심지어 성격 형성에도 영향을 줍니다.

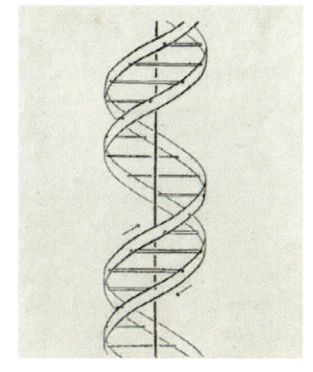

제임스 왓슨과 프랜시스 크릭이 처음 제안한 DNA의 이중 나선 구조

DNA의 구조가 밝혀진 후, 과학자들은 염기서열을 분석하고, 유전 정보를 해독하는 연구를 진행했어요. 그 결과, 21세기에 들어서 **인간 게놈 프로젝트**가 성공적으로 완료되었고, 사람의 모든 유전 정보를 읽어 낼 수 있게 되었답니다. 이를 바탕으로 유전 질환의 원인을 밝히고 치료법을 개발하는 연구가 활발하게 진행되고 있어요. 예를 들어, 유전성 암 검사를 통해 특정 암의 발생 가능성을 예측할 수 있게 되었고, 유전자 맞춤 의약품 개발로 개인별로 더욱 효과적인 치료가 가능해졌죠.

이뿐만 아니라, 인간의 면역체계는 체내 분자, 세포, 기관 사이의 상호작용을 포함한 복잡한 네트워크로 질병 발생, 노화, 수명 등 건강과 밀접하게 연결되어 있어요. 그래서 이 면역체계의 비밀 해독을 목표로 **인간 면역 프로젝트**에 착수했다는 소식도 들려오고 있어요.

생명 화학은 농업 분야에서도 큰 영향을 미치고 있어요. 가뭄에 강한 작물, 해충에 저항성 있는 작물을 개발해 식량 문제 해결에도 이바지하고 있습니다.

하지만 생명 화학 기술은 윤리적인 문제도 함께 제기하고 있어요. 유전자 편집 기술, 복제 기술 등은 **인간의 존엄성**을 침해할 수 있다는 우려를 낳고 있답니다. 따라서 과학자들은 생명 화학 기술을 사용할 때 항상 책임감과 신중함을 가져야 해요. 마치 양날의 검처럼 잘 사용하면 인류의 삶과 복지 증진에 큰 도움이 되지만 잘못 사용하면 위험할 수 있으니까요.

지금도 과학자들은 생명의 비밀을 풀기 위해 끊임없이 연구를 이어가고 있어요. 과학의 역사는 언제나 호기심과 끈기, 그리고 인류를 향한 깊은 애정 위에 쌓여 왔습니다. 미래 핵심 기술로 주목받고 있는 생명 화학! 그 무한한 가능성은 어디까지 확장될 수 있을까요? 여러분의 도전을 기다립니다!